你值得拥有
更好的世界

高配人生的7个法则

邵英·著

降低折腾成本，找到成功路径
才会把事情折腾成喜欢的样子

電子工業出版社
Publishing House of Electronics Industry
北京 • BEIJING

图书在版编目（CIP）数据

高配人生的 7 个法则 / 邵英著. —北京：电子工业出版社，2022.4

ISBN 978-7-121-43050-3

Ⅰ. ①高… Ⅱ. ①邵… Ⅲ. ①女性－成功心理－通俗读物 Ⅳ. ① B848.4-49

中国版本图书馆 CIP 数据核字（2022）第 037109 号

责任编辑：周　林　　　　特约编辑：田学清

印　　刷：中国电影出版社印刷厂

装　　订：中国电影出版社印刷厂

出版发行：电子工业出版社

　　　　　北京市海淀区万寿路 173 信箱　　　邮编：100036

开　　本：880×1230　1/32　印张：8.125　字数：156 千字

版　　次：2022 年 4 月第 1 版

印　　次：2022 年 4 月第 1 次印刷

定　　价：58.00 元

凡所购买电子工业出版社图书有缺损问题，请向购买书店调换。若书店售缺，请与本社发行部联系，联系及邮购电话：（010）88254888，88258888。

质量投诉请发邮件至 zlts@phei.com.cn，盗版侵权举报请发邮件至 dbqq@phei.com.cn。

本书咨询联系方式：zhoulin@phei.com.cn，QQ 25305573。

序

折腾也是人生的修行

折腾也是人生的修行。这一路上，披星戴月，风雨兼程，穿过的所有河川，蹚过的所有丘泽，最后都凝聚为人生历程中一束束闪亮的光，照亮那个想要有所改变的你。

——致努力中的人

很多年前，有人说，“我给你规划好了”“你应该这样做”。现在，我会说，“去做吧，把事情折腾成喜欢的样子”。所谓爱折腾，不是从别人为你写的剧本里跳出来，也不是你在自己的行业里拥有一张人人都识得的名片，而是你历经千帆，看遍成功与失败，发现自己生命里的丰盈其实是你不停地折腾出来的。因为每一次折腾都是一次尝试，你只有尝过很多的酸甜苦辣，经历过很多的失败坎坷，才会找到那条适合你的路，最后才有了你追求的丰盈人生。

“越努力越幸运”，其实就是我这么多年来真实的人生写照。很多时候，只有我们自己知道该酿什么样的酒，才能浸泡出一个更美的自己。我开始给自己酿这一碗酒，是从踏进大学的校门开始的。

1997 年，我 18 岁，是一个普通的女大学生。在高中时期整整安分了三年的我在迈进大学校门之后，体内的不安分因子开始躁动起来。我又成了上高中之前那个对世界充满好奇心的孩子，对什么事情都有着很大的热情，什么事情我都迫切地想要尝试一下。在这个时候，引起我好奇心的就是互联网，当然我的大学专业就是计算机技术与科学。

1997 年的互联网世界远远没有现在这样发达，但却特别热闹，甚至可以用“热闹得别有一番风味”来形容。把自己关在深圳一家小旅馆里 16 个月的求伯君创造了当时中国互联网界的神话，他一个人，用一台电脑开发的金山 WPS 办公软件现在已经横扫中国市场，而我与金山的渊源则是十多年后的事情了。

总之，那一年中国的互联网世界就像突然打开了的水龙头，30 岁的王志东用四通利方 40% 的股权换来了约 650 万美元的国际风险投资，四通利方成为当时中国 IT 产业引进风险投资的首家企业。后来，四通利方变成了“新浪”，而风险投资则开始走进很多年轻人的视野。那一年，从头到脚泛着青春光泽的我其实心里很迷茫，经常一个人站在校园里望着偌大的天空发呆，心想：未来已来，究竟该怎么做才能更好地拥抱这个世界呢？怎么做才能将这大好青春活得闪闪发亮呢？答案就在这个时候悄悄地浮现在我的心头，在互联网的浪潮席卷全世界之际，我应该做的不就是努力地顺势而为，去拥抱这股浪潮吗？

越折腾的人生就一定越丰盈吗？前提是你找对了时代变革浪潮的方向，并且努力与全世界一起顺势而为，少了任何一个关键点，你的折腾就是浪费时光。要做到努力与全世界一起顺势而为，其实并不是一件简单的事情。因为当你把“全世界”三个字凝练成一个“人”字的时候，就会发现你会遇到许多麻烦。

初入职场的你，是否也遇到过那个总是指使你、不停地对你吹毛求疵的“老员工”；在职场上奋斗了好几年，是否也有过这样的感觉：不想再面对明争暗斗、尔虞我诈的关系了……可以说，这些麻烦就像一堵沉重又冰冷的墙横亘在你的面前，你会在这堵墙面前退缩、恐惧、烦恼、担忧，甚至无助地默默流泪。但幸运的是，这堵墙不但没能阻挡我去拥抱每个机会，还让我拥有了铠甲，拥有了谋略，拥有了战胜一切的技能。当你能够穿越绝望与崩溃的边缘时，当你眼中有见识、心中有方寸时，你就成了一个磁场，吸引与你同样努力、同样优秀且同频的人一起来做事业，不论是在竞争多么残酷的职场里，总会有一群人与你肩并肩、手挽手一起向前闯。

所以，我和好伙伴们一起努力，最后成功地将 Windows 优化大师卖给蔡文胜先生。当我们的安兔兔系列软件成功退出，并入雷军先生的金山系时，当我和好伙伴一起披荆斩棘，在自媒体时代将内容电商“小小包麻麻”做成行业标杆时……我的心中越来越明确：折腾，要顺势而为；折腾，要找到对的人；如果再加上一点儿运气，事情会变成你喜欢的样子。

目录

Chapter 3

不拖延

Chapter 4

不焦虑

Chapter 5

学习力

Chapter 6

职场力

Chapter 7

创业篇

后记

Chapter 1

成长

你必须冲破原生家庭的“精神围墙”

为什么一开篇就要写原生家庭的“精神围墙”这样一个特别沉重的话题呢？

因为在我的成长经历中，在我组建家庭并成为一位母亲后，以及在我接触母婴行业以来，我认认真真地审视过很多家庭，发现原生家庭才是影响一个人一生的根本因素之一。

那些为孩子树立错误榜样的原生家庭，最终成了孩子成长道路上的“精神围墙”，很多人终其一生都被困在里面，走不出来，也无路可退，还被贴上了很多不好的标签，最终自己的人生只能用“欠缺”来形容，而“丰盈”对于他们来说则是一个遥不可及的梦。

不过幸运的是，我的原生家庭带给我的影响是正面的、积极的。

所以，我希望本书一开篇就能够与你聊聊父母与童年，聊聊一直裹挟着曾经的现在。

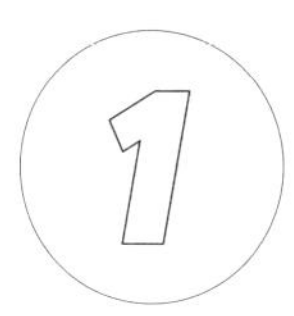

原生家庭的“罪过”（一）

你知道因为原生家庭的“罪过”，给孩子带来特别痛苦的影响是什么样吗？在我的记忆里第一个跳出来的是一个叫作“比利”的名字。

1977 年，23 岁的比利被美国俄亥俄州的警方逮捕。随着他被逮捕，俄亥俄州连续发生的多起强暴案终于找到了真凶。可是，这个叫比利的年轻人，在警方面前对于自己所犯下的罪行毫不承认。更令警察们瞠目结舌的是，他对于自己的犯罪过程居然毫无记忆。后来，警方对他进行了深入的调查，得知他患有多重人格分裂症。他的身上除了自己本来的人格，还拥有另外 23 种人格，一共有 24 种人格。最后，他被确定患有严重的人格分裂，被法庭无罪释放。而这无罪释放，也在当时的美国社会引起轩然大波，大家实在想不明白，多起强暴案的真凶竟然因患有严重的人格分裂而逃过法律的制裁。毫不夸张地说，这真的是一件听起来相当惊悚的事情，一个人同时拥有 24 种人格，听起来完全就是小说或电影中才会出现的情节。而事实上，拥有 24 种人格的比利就是全球百万级畅销小说《24 个比利》中的主人公。但和其他小说主人公不一样的地方是，比利不是一个虚构的小说主人公，而是一个真实存在的人，所以这是一部纪实小说。

比利为什么会拥有 24 种人格呢？其中的一个重要原因就是“原生家庭的罪过”。比利的父亲自杀后，母亲多罗西很快与另一个男人结婚，比利便有了继父，但是，走进比利世界里的继父对比利并不好。从比利 8 岁起，继父就经常殴打并威胁他。原生家庭发生的变故给比利带来了灾难性的影响，他的生活从此变成了一片黑暗之城，他的内心也变得越来越扭曲，此后精神开始分裂，多次自杀并进入医院治疗，直至给社会带来危害性很大的恶性影响。

《24 个比利》我仅仅看过一次，但是印象却特别深刻。为什么呢？因为生活就像阳光下的一面镜子，总是在你看到痛苦的一面时为你折射出幸福的一面。每当我脑海里浮现出比利悲惨的境遇时，就会想到我的原生家庭。我的原生家庭是我此生最丰厚的礼物之一。因为我的父亲与母亲不但给了我一个幸福的原生家庭，还给我的生命制订了一个“四位一体”的成长模板。哪“四位”呢？经过数十年的光阴我才明白，所谓“四位”其实就是独立、坚韧、爱思考和善于决断这四种特质。到底是先学会独立还是先学会坚韧呢？但是爱思考和善于决断这两种特质也十分重要。

那么，还是先从四十多年前的一个东北普通家庭谈起吧。1979 年的春节，我出生在一个知识分子家庭。但是出生后却没有过上大家认为的那种知识分子家庭特有的恬淡生活，而是跟着父母四处奔波。准确来说，我和母亲一直跟着我父亲过着“动荡的生活”。

在那个大学生特别稀有的年代，考上国内的一所知名大学的父亲，凭借着自己的努力在毕业后就成为国家黄金管理局的一位技术工作人员。由于技术过硬，父亲总是被调来调去，前年在东山矿，今年在西山矿，明年在南山矿，后年可能又在北山矿上工作，他在每个矿企都是技术骨干，后来一直担任技术总工程师，相当于我今天所在的互联网企业的 CTO。而我和母亲则一直过着从这座矿区搬到另一座矿区的生活。母亲对于父亲被调来调去的情况也没有什么怨言，因为她觉得能为国家和企业贡献自己的力量是特别光荣的事情，也只有那些“技术尖子生”会被各个矿区抢来抢去。当然，我也没有什么怨言，至今我都觉得能有这样的父亲是我人生的荣耀。而且直到此时我在电脑前写这些文字的时候，那时候的每一天、每一幕都像是一部部感人的电影，每个镜头从我的脑海闪过的时候，我都充满着开心和怀念。

现在，我又不由得想起当时父亲教育我不要“五马换六羊”的事情。在我 7 岁那一年，我和母亲跟着父亲来到辽宁营城子铁矿区生活，父亲还是技术负责人，我们则继续着自己的“动荡生活”。当时我们生活的矿区周围有很多废弃的铁矿工厂，这些废弃的铁矿工厂可是我和小伙伴眼里的“人间天堂”，因为那里面有数不尽的“宝藏”——各种废铁和坏的机器零件等，对于生活在物质匮乏年代的我们而言，可都是好玩具。每天放学后，我和五六个小伙伴都跑到废弃的铁矿工厂里玩。

我们在一个废弃的铁矿工厂里发现了很多生锈的小铁球，一个个有拇指那么大，全部锈在地上。于是，我们就用小木棍弄下来玩。几天后，我们每个小孩儿都弄了很多小铁球，而且还比谁的“战利品”最多。巧的是，这几天来了一个收废品的人，废铁废铜等东西都能换糖球。这一下子，我们可开心了，一下课我们就跑去铁矿工厂用小木棍弄小铁球，有时候一天能够换十几个糖球。结果，就在我们不亦乐乎的时候，被矿上巡察的人发现了。于是，我们五六个小孩儿全部被抓到一个屋子里。

看管的人问：“谁是带头的？你们小小年纪就敢盗窃公物！”几个小伙伴都被这一句话吓哭了。我胆子比较大，硬生生地回应道：“是我带的头。”

看管的人可能没料想到我敢主动站出来，问了父母名字后，说等回家让你们父母教育你们吧。我回家后，看见父亲坐在椅子上等我，心想肯定要挨训了。结果，父亲只是告诉我不要“五马换六羊”，不要用自己值钱的信誉去换糖球吃。父亲没有训斥我，但“五马换六羊”对我影响却很深，从此以后我再也没有干过类似的事情。那次以后，一起弄铁球的几个小伙伴有什么事情都会问我的想法，让我感觉到自己要有主见和担当。

那个年代的矿产资源非常丰富，也突显了技术人才的重要性。在父亲被调动的日子里，我也渐渐长大，等到我 6 岁上小学之后，这种“动荡的生活”依然看不见头。这就直接导致我小学阶段换了四所学校，从一年级到四年级每年换一所学校。所以，每年开学都会认识新的同学和新的老师，而在这样一种不断变换新环境的情况下，我需要拥有的就是独立与坚韧这两种特质，因为我要融入新的班级环境。

独立与坚韧，从来都是每个人梦想能够得到的可贵品质，因为它们是一条能够跨越冰川、抵御风霜、战胜一切艰难险阻的“超级联合战舰”。独立能够让你在任何时候静下心来思考并想出对策，坚韧能够让你将自己的正确策略一直坚定地执行下去，最终冲破大风大浪，抵达梦想的彼岸。

可是，我的独立与坚韧仅仅就是因为“动荡生活”得来的吗？不是这样的，是因为成长环境和自己对这个世界积累起来的认知给予我的。说得直白一些，就是在很小的时候，我就懂得了很多。在四年级之后，父母觉得一年换一所学校肯定会影响我的成长，于是母亲就带着我回到市里上学。后来一直到初三毕业，都是我和母亲在市里生活，父亲则继续在矿区生活。而我在上中学后就开始了寄宿生活，每周末才能回家，同时母亲工作也很忙，很多事情都是我自己拿主意。渐渐地，我开始懂得父母的不容易，开始明白自己应该怎么做才能让父母在繁忙的工作之余少为我操心，慢慢地，我就成了一个特别独立的孩子。

独立的人未必坚韧，我身上坚韧的特质又从哪里来的呢？张爱玲曾说：“因为懂得，所以慈悲。”还是这两个字“懂得”，因为懂得这世间的疾苦有多深，所以才能体会到每一次的获得有多甜。

不知道大家是否去过矿区，或者有没有看过 20 世纪 80 年代矿区的老照片，或者相关的影像资料。矿区一般都在郊区，四周很多都是庄稼地或者偏僻的山地，周围都是农村。所以，矿区和偏僻贫穷的农村，尤其是农民的生活与劳作之苦，在我儿时的印象里特别深刻。我对世界的第一个认知就是贫穷与艰辛，尤其是 20 世纪 80 年代那种机械化耕种没有大规模展开，都是以人拉肩扛的形式进行辛苦劳作的生活，真的是一粒粮食一滴汗。但就是在这样的一种环境下，你以为生活很苦是吗？不是的。虽然生活很不容易，但大家每天都笑呵呵地去劳动，做什么事情都特别有韧性，特别能吃苦。

我印象里比较深刻的是一家人，父亲瘫痪在床，儿子是聋哑人，他们靠村里的接济和政府的救助生活。但是当时的社会救助水平很有限，父子两个人也很少能吃饱，但是他们不埋怨不放弃，每天见了人打招呼都是笑眯眯的。四年级的时候，班里有很多农村的孩子，每天放学或周末的时候他们就去干农活，我跟着他们一起去村子里玩耍，也想帮着他们干。但是他们都不让我干，说我干不了，一开始我感觉有点儿被排斥了。但是，后来特别想融入的我还是融入了进去，跟着他们割过草、下过地，虽然我当时主要是觉得好玩，但是那种艰苦所带来的坚韧逐渐融入了我的精神之中。

这种独立和坚韧，对于我后来的成长影响很大，因为我每次遇到挫折的时候都会想到在矿区的生活，想到那一张张在艰辛的生活中依然每天微笑着迎接未来的面孔。所以，很多时候我觉得自己有两个原生家庭，一个是父母给我的，一个是那段难忘的矿区生活给我的。这两个原生家庭都很幸福。

原生家庭的“罪过”（二）

先讲我一个同事的亲身经历：他在小学一年级的期末数学考试中得了 99 分，回到家被母亲关起门暴揍，母亲打坏了一只笤帚，因为他母亲认为只有特别马虎的人才会做错那道题。他小时候很喜欢在写完作业后去大街上跟小朋友们一起玩玻璃球，可是每次他都是站在一边看着其他的小朋友玩，因为他口袋里的玻璃球有扁的、凹凸的、棱角多的，唯独没有一个是圆的，所有圆的玻璃球都被他母亲没收了，他口袋里的玻璃球还是他偷偷地在玻璃店门口的废料箱里捡的。

小学五年级的时候，他已经渐渐显露出青春期的叛逆情绪，于是，他干了一件在他看来特别勇敢的事，他给在千里之外的某个煤矿工作好几年都没有回家的父亲写了一封信，讲述了自己对母亲的不满。用他的话说，那就是一封对母亲的控诉书。信邮寄出去后，他想着父亲能回家看看他，甚至想像村里的其他孩子一样，跟着父亲去外面读书，即使打工他也愿意。等了一个多月，他终于收到了父亲的来信，但不是写给他的，而是写给他母亲的。和往常一样，初中未毕业的父亲写给家里的信只有一页信纸，信中提到他的话依然只有寥寥几句，不过相比往常叮嘱注意学习和安全之外，多了一句嘱咐的话——“打得还不够”。一句“打得还不够”，彻底击碎了他的勇敢和反抗意识。他说原本对父亲的记忆有点儿模糊了，父亲只是他心底最后的一根稻草，结果他被稻草甩进了一片灰色的海里。此后，他一直感觉自己的人生是灰暗的。

他变成了一个按部就班或者说特别听话的人，在家听母亲的话，在学校听老师的话，外出玩耍的时候听朋友的话，做事情不想思考，只想别人吩咐和安排。大学毕业后进入职场，他还是不敢鼓起勇气跟别人提要求，总是勤勤恳恳地做好工作。一次我问他，你不想有所突破吗？就打算一直这样下去吗？他点点头又摇摇头说没想过。

我的这位同事的原生家庭给他带来的影响可谓是灾难性的，因为当一个人在职场上没有突破时就意味着没有进步，而没有进步则意味着要被淘汰。近些年来，知乎、微博、微信公众号等自媒体总是动不动就掀起一股“中年失业”的热潮，尤其经常出现“从事互联网行业的人 35 岁后的出路在哪里”这样的话题。每当看到相关的文章或话题推送时，我总是会想到我的这位同事如何去面对他的“中年危机”，并想到他的原生家庭问题。假如，我出生在这样的一个家庭，我该怎么面对呢？我能想到的答案是，我一定会克服缺点，努力改变自己。难道我的这位同事没有想到这个答案吗？我想他一定想到过，只不过他有答案却做不了，也许他的原生家庭磨掉了他改变自己、改变人生的欲望，这就是原生家庭对他的影响。

相比较而言，我在成长之路上从来没有按部就班地循序渐进，因为我的原生家庭状况不允许。小时候我家所在矿区的环境条件比较简陋，在三伏天时有的厂区没有风扇，整个房子像个大蒸笼一样。父母每天工作很忙，但是为了不让我太热或中暑，父亲总是塞钱给我，让我去买冰糕等冷饮，但是要有节制，发现吃坏肚子或生病了是要减少零花钱的。在这样的要求之下，我学会了自己思考和规划，做事情能够按照自己的想法去落实。

那时候，矿区附近有供销社这样的“商业区”，它们除了给生活在这里的人们提供日用商品百货，平日里还会回收一些野菜、花生等，方便周围的家庭换些零用钱。那时候的钱特别值钱，几毛钱都能派上大用场。虽然我父母的薪资还算不错，但我也特别想帮助他们减轻负担。因此，我经常跟着村子里的同学及他们的父母一起去山上采蕨菜等，然后在供销社排队卖出去，每次我都能赚上两毛多。晚上的时候，我把钱给母亲，心里特别高兴，感觉自己已经长成大人了，可以为家里贡献一份力量了。当然，年少的我不会把自己的零花钱也交上去，毕竟冰糕等冷饮还是很诱人的。

有想法又会落实，而且还有点儿机灵，这让我在回到城里读五年级的时候，一下子就脱颖而出，当上了班长，一直到小学毕业。后来，老师跟我父亲说：“一开始觉得你女儿从郊区转学过来，担心学习跟不上，多关心关心，没想到她又自立又爱动脑筋，现在可是我得力的小助手了。”

我母亲是一个性格比较直爽的人，跟她聊几句就知道她是一个典型的北方人，开心的时候笑声响亮，生气的时候脾气也暴得敞亮。小时候我父亲从不动手打我，顶多训斥我几句。可我母亲会对我发脾气，尤其是在我做事情犹犹豫豫的时候。有一次，我跟她上街买衣服，当我为选一件红色的衣服还是蓝色的衣服而纠结的时候，她会说：“这么简单的事情不能马上决定吗？有什么好犹豫的？”结果，在母亲这种严厉训诫的影响下，我很敢做决定。这是我母亲给我的礼物。

另外，我的父母在我小的时候就不把我当小孩儿看，当家里的很多事情需要做决定的时候，他们十分尊重我的意见。当时我父亲的工作完全可以不用一年一调动，因为原工作单位也不愿意让我父亲走，但会让我父亲自己做决定。在我父亲每次接到新任务的时候，他整个人特别有干劲，可每到这个时候，真正决定父亲工作调动的人其实是所有人不会注意到的我。我母亲是无条件支持我父亲工作的，但是她又特别尊重我的意见。每次父亲工作调动的时候，她就会说先问问英子的意见。然后，她就会告诉我新的矿区学校怎么样，生活环境如何，并引导我去思考怎么面对新生活。不过当时我年纪小，觉得父亲的每次调动很有新鲜感，折腾起来挺有意思的，所以每次我都会选择同意。

可以说，正是在这样的一种原生家庭的教育环境中，我变得爱思考，善于分析，敢决断，也喜欢折腾。如果现在回到我那位同事所面对的人生困境，我想我给出的答案一定是，先开始折腾起来吧。自己折腾起来后就会发现自己真正喜欢什么，如何去得到，而且会让你一直对这个世界保持好奇心，不停地去探索，因为你总会觉得前方有更有意思的事情等着你。

我要告诉年轻的朋友们及和我一样已经成为一个家长的朋友们：爱自己，爱孩子，就必须懂得放手，不要想着什么现世安稳，这个世界之所以美好就是因为有很多人在不停地折腾。当你或你的孩子成为一个听话并按部就班的人时，等着你们的不一定是安稳的平静生活，很可能是一个危机四伏的人生，只要有风浪就一定很难避开，因为从来没有人知道风浪从哪个方向突然来袭，只有拥有了解决问题的能力和独自面对的勇气，才能无惧风浪并战胜风浪。所以，原生家庭给的枷锁不可怕，可怕的是你失去折腾掉这层枷锁的能力。

原生家庭的“罪过”（三）

谈到原生家庭这个话题，溺爱一定是一个逃不过的话题。在我看来，溺爱一直是不利于孩子成长的一种爱。我的父母很爱我，但是讲究方式，所以溺爱无从谈起。

我回到市里上学之后，父亲觉得不能经常陪伴我而有愧疚感，因此，每次见到我的时候他都会给我更多的零花钱，虽然我之前的零花钱相比于身边的其他小伙伴已经很多了，但是回到市里上学后我的零花钱又攀升了一个台阶。不过，每次父亲给我零花钱后，并不让我随便买零食或其他小玩意儿，他一定要听我对零花钱的安排，比如会买哪几本自己喜欢的课外书，会去参加学校的什么活动等。有时候，我给父亲讲完后，他又会再给我一些钱，因为他觉得我的安排可能会出现“钱不够用”的情况。所以，我从小不缺零花钱，到现在也没有养成乱花钱的坏习惯。父亲对我的这种教育方式，在我看来才是真正的“溺爱”。

我曾在某论坛里看到过这样一个帖子，大概意思是一位女医生托朋友给自己的儿子介绍工作，月薪3000元就好。她的朋友很诧异地说：“你的儿子初中毕业后就去国外读书，这么多年肯定已经花费了几百万元，3000元的月薪什么时候能回本呢？”父母对于孩子的教育和成长的付出，从来都是不计成本的。这当然没有错，也不应该计算成本，但错误的地方是哪里呢？原贴中透露出，这位妈妈从儿子一出生，就很溺爱儿子。她的儿子初中毕业没有考上重点高中，于是，她便说服丈夫卖掉了家里的一套房子供孩子去国外读书，她认为孩子在国外能接受更好的教育，未来一定会有出息。可是，她根本不知道考试成绩检验的是学习能力，而学习能力如何体现的是家庭的教养能力、孩子的自身素养等。她的这种做法不能解决孩子的自身问题，只是寄希望于一个新的教育环境，最终的结局就是她的儿子在国外浪费了几年时光并花费了几百万元，回国后英语也说不流畅。更令人震惊的是，这位母亲在托朋友给留学数年的儿子介绍一份3000元月薪的工作时，还拜托朋友请求公司的老板在工作中不要批评孩子，要多鼓励，千万别伤了孩子的自尊心。

更令人可叹的是，这样的母亲，这样的儿子，在我们身边不少见。如果一位母亲不让孩子养成良好的习惯，不培养孩子的竞争意识，自己平日里对孩子的要求无条件满足，从孩子上幼儿园起就举全家之力供养孩子上昂贵的私立学校，总是想通过学校教育来培养出一个优秀的孩子，最终的结果完全可以预期，在溺爱的温室里培养出来的孩子在进入社会后，不能适应职场里的激烈竞争。

溺爱中长大的孩子存在的最大问题之一是什么呢？我想应该是缺少一个好的生命状态。因为创业的缘故，新东方的俞敏洪老师不但是我的公司的投资人，也是我的创业和人生导师。2017 年底，俞老师的新东方基金和拉芳家化投资了小小包麻麻的 B 轮，投资金额约 1.4 亿元。在和俞老师交流学习的过程中，他经常强调好的生命状态对于一个人有多重要。在他 2018 年出版的《在人生的更高处相见》一书中，他对“好的生命状态对于一个人的影响”进行了深刻的阐释：

> “其实好的生命状态就是好的生命习惯的养成。好的习惯养成需要努力付出，坏的习惯养成不费吹灰之力，所以一不小心我们就会陷入坏的习惯，比如好吃懒做、占小便宜、发泄情绪。坏的习惯对人的生命状态有百害而无一利，轻易将人的命运拖向黑暗，所以我们需要养成好的习惯。”

“养成好的习惯，刚开始是痛苦的，比如读书、跑步都是要努力的事情，但只要坚持，好的结果自然显现，而最终得到的成就感和内心充实，以及命运的优化就是最好的福报。一个人可以从小的习惯改变做起，比如你本来一直板着脸，现在努力对每个人微笑，不久就会发现微笑的好处远远大过板着脸，慢慢微笑就会变成你的生命状态。这样的一件小事就已经在使你的命运有所改变。”

“我自己的生命状态就是由我养成的一系列习惯所组成。我的勤奋来自我从小在农村生活的起早贪黑，我的阅读来自大学期间的自我鼓励和他人榜样，我爱收拾屋子的习惯来自内心对有条不紊的追求，我的团队精神来自从小喜欢和小伙伴打闹。这一系列的习惯构成了我的生命状态，这一状态又决定了我生命的走向。”

“我深刻意识到养成良好的习惯对于一个人的生命状态和走向有多重要，所以就力求自己不断向积极健康的习惯靠拢。当习惯变成一种生命状态后，就会产生喜悦，不做反而痛苦了。比如一个经常跑步的人要是几天不跑步身体就会难受，一个经常读书的人几天不读书就会觉得空虚。”

“生命状态最终会反过来对你的生命进行再创造，这就是重塑命运。所谓‘菩萨畏因，众生畏果’，就是要我们从源头上改变和掌控自己的命运，而不是束手无策，坐以待毙接受命运的安排。”

在溺爱中长大的孩子存在两个问题：严重的以自我为中心和耐挫力差。

2018 年的时候，我们公司内部为了创造新的盈利增长点，成立了好几个新项目组，其中一个项目组是以社群分销模式开拓市场的。当时团队成员里有一个“90 后”小姑娘，很有灵气，但就是和部门的其他小伙伴容易闹别扭，有些娇气，很喜欢以自我为中心，在干出业绩的时候，她认为都是她的功劳，其他人都是配角；业绩不好的时候就抱怨大家没有配合好。公司一开始是想培养她的，觉得毕竟是年轻人，一些缺点是可以改正过来的。可是，随着项目组遇到困难，她令人失望的一面也一下子展现出来。当时的社群分销模式好像几年前的千团大战一样，大企业的创新项目有社群分销，普通的创业者也纷纷效仿，在市场上抢夺那些一个人可以带几百人几千人甚至上万人的“团队长”，在我们辛苦培养的几个千人规模的“团队长”被竞争对手挖角后，这个小姑娘就开始抱怨项目组。有问题提出问题，大家一起解决一起面对才是正道，可是她的抗挫能力特别差，不但在项目组里抱怨，还将负面情绪传递给其他的“团队长”们，公司几次找她谈话，从批评到苦口婆心，结果她还是不改，项目组一时间被负面情绪笼罩着。最终，公司费了好大的劲儿才将局面扭转过来。公司当时扭转这一局面的做法就是接受她的主动离职。眼睁睁地看着一个做事情有灵性的好苗子就这样走了，作为创业团队的管理者，心里肯定不是滋味，可是她身上展现出的很差的耐挫力，又会让你不得不做出这样的抉择。

所以，我想告诉在溺爱中长大的年轻人和还在溺爱孩子的家长们：溺爱好像一剂烈性成长的毒药，如果你正在溺爱孩子，那么现在要做的就是重塑自己或重塑孩子。在溺爱中长大的年轻人，不要觉得这个世界上总有人替你承受一切挫折，漫漫前路上唯一能为你人生披荆斩棘的人只有你自己，就算有人愿意为你去扛，可谁又能帮你扛一辈子呢？而那些还在溺爱孩子的家长们，你的呵护范围不过只有家那么大，孩子出了家门就会走进社会的丛林，你没有让他学会独自撑伞，总有一天他会被淋湿，你没有教给他强大的战斗技能，他身上穿的防弹衣又能起到多大作用呢？

前几天了解到一个新词“钝感力”，“钝感力”一词其实出自日本作家渡边淳一。按照渡边淳一的解释，“钝感力”可直译为“迟钝的力量”，即从容面对生活中的挫折和伤痛，坚定地朝着自己的方向前进，它是赢得美好生活的手段和智慧。中文里“钝感”这个词不常见，只听说在科技领域有钝感机理、钝感剂等说法。钝感是人的动作活动反应慢度的标尺，是用来描述人的活动速率的。钝感系数越高则对外部反应越迟钝，同时其敏感度也会越低，人的思维只有在钝感系数与敏感系数相对平衡时，才更容易保持较为理性的思维，否则反之。虽然有时钝感给人迟钝、木讷的感觉，但钝感力却是我们赢得美好生活的手段和智慧。

钝感力的五项铁律：

> 一是迅速忘却不快之事；二是认定目标，即使失败仍要继续挑战；三是坦然面对流言蜚语；四是对嫉妒讽刺常怀感谢之心；五是面对表扬，不得寸进尺，不得意忘形。

渡边淳一在书中写道：“钝感”相对敏感而言，由于生活节奏的加快，现代人过于敏感往往就容易受到伤害，而钝感虽给人以迟钝、木讷的负面印象，却能让人在任何时候都不会烦恼，不会气馁，钝感力恰似一种不让自己受伤的力量。在各自世界里取得成功的人士，其内心深处一定隐藏着一种绝妙的钝感力。在接受记者的采访时，渡边淳一表示自己早在二三十岁时就感受到钝感力的重要，他说：“这个世界不过是一场生存游戏，所以必须要有顽强的意志。而要保持甚或加强自己的生存能力，钝感力又是必不可少的。与其有锐利的敏感度，不如对于大多数事物不要气馁，这股迟钝的顽强意志，就是得以生存在现代的力量，也是一种智慧。”紧接着，渡边淳一根据自己的创作经历说：“当初还是文学新人的时候，经常遭编辑退稿，并受到严厉的批评。我对这些就很迟钝，只觉得对方不采用我的稿件是因为他没有欣赏能力。如果当时因过于敏感而消沉下去，也就不会再写小说了。”

日本评论界认为，钝感力听上去会给人非常负面的感觉，但可以将它解释成“有意义的感觉迟钝”，试图传达出不因为眼光短浅而喜忧、保持信念往前走的重要性。《读卖新闻》的书评则干脆搬出了 1987 年诺贝尔生理学和医学奖得主利根川进博士的原话：我带有某种迟钝，只能依稀看到对大家来说显而易见的东西，以此来佐证“迟钝”恰恰能够摆脱世间常识的羁绊，出人意料地取得“世界性的发现”。

我身边就有很多“钝感力”很强的朋友，外界的事情好像不会对他们产生什么影响，总是情绪稳定，工作很少受影响，这种能力值得我们学习。毕竟摒弃以自我为中心的处事态度，锻炼出强大的钝感力和耐挫力，才是我们应该做的事情。

请折腾掉原生家庭的伤疤

我们需要折腾掉原生家庭带给我们的伤疤，那么我们该怎么去折腾呢？我想应该是以较快的速度与过去的那个表现不好的你彻底切割。当然，不要把优点切割掉。

心理学家荣格曾说："原生家庭对家中子女的影响越深刻，子女长大后就越倾向于按照幼年时小小的世界观来观察和感受成年人的大世界。"荣格的这个观点对于后来的世界家庭教育研究产生了深刻的影响，因为他指出原生家庭对一个人最大的影响之一就是眼界，是一个人为什么这样看世界的问题。所以，我们要和原生家庭的不利影响进行切割，先要切割掉的就是原生家庭对自己看待世界造成的狭窄视角。

讲到这里，我就会想起发生在互联网前辈雷军身上的一件事情。几年前我创立了国内比较好的手机测评软件安兔兔，并将其卖给了雷军的金山系的猎豹。因为工作的关系我与雷军有过一些交集，对他的事迹也有较多耳闻。

雷军二十多岁的时候就成了金山公司的 CEO。不过有意思的是，成为 CEO 之后的他一直还在坚持写代码。作为一个顶尖的 IT 工程师，写代码是应该的；可是对于一个要为企业长远发展思考和做决策的 CEO 来说，每天要抽出一定的时间去做公司的其他工程师可以代劳的程序开发工作，是不是有点本末倒置呢？是雷军想不到这层利害关系吗？不是的，是因为写代码这件事情，除了是个人的兴趣爱好，很有可能还是源于雷军当时的视野还在增长中。

出生于一个普通家庭的雷军，在大学时候就成为百万富翁，随后年纪轻轻又成为互联网企业的 CEO，但他却始终认为一定要保留自己的生存技能，毕竟做 CEO 做不好还是可以回去做个程序员的。当时他看这个世界不是以一个 CEO 的角度去看的，他的心态更像是一个只能依靠工作技能赚取柴米油盐的谋生者。

更有意思的是，雷军停止写代码，竟然是因为工程师给他整理电脑时不小心来了个全盘格式化，所有他写的代码都丢失了。丢失了代码的雷军还想着要恢复一下备份，有空的时候继续锻炼自己写代码的能力。可是，繁忙的 CEO 工作没有给他时间再去恢复备份，也逐渐让他看待世界的视角发生了变化……最后的故事我们都知道，雷军没有再去写代码，而是努力做好 CEO 的工作，成为当代中国互联网界的优秀企业家之一。

我讲发生在雷军身上的故事，其实目的很简单，就是告诉大家提升眼界的重要性以及如何去提升自己的眼界。不要一直站在原生家庭的肩膀上看待这个世界，你已经走入社会，不能总是通过家里的那扇窗去看周围的一切，你要努力挑战更高阶的人生岗位，你要站在更大的平台上去放眼未来，只有这样你才会有更广阔的视野，才能更全面地看待未来的发展，从而给自己找到更适合的前进之路。

在与过去的那个表现不好的你做完切割后，接下来又该切割什么呢？我想应该与那个不敢对自己狠一点儿的你完成切割。父母爱我们，原生家庭就是我们人生的避风港，但是我们却不能对自己太过温柔。就拿我们每个人很难躲避开的职场来说，善于钩心斗角，善于拍领导马屁，善于周旋于同事之间，就能获得各种资源并走向人生巅峰吗？我想应该是越努力越幸运，而努力的程度恰好就取决于你对自己有多狠，你的心是否足够坚定。

我们公司的运营部有一个出色的设计师，他是一个从山东农村出来的“90 后”小伙子，大学学的是生物方面一个比较冷门的专业，填报志愿时受限于对专业的了解，他认为毕业后一定会进入不错的生物公司，结果上学不到一个月就被师兄们告知这个专业根本不是他想的那样，基本上毕业就意味着失业。于是，他在学好专业课并保证能拿到学位的前提下又自修了设计课程。

毕业后，因为他学的不是设计专业，于是他去一家公司做了一名运营实习生，实习期间就超过了公司的好几个专业设计师。而且在自己工资不高的情况下，他就向亲戚朋友借钱在环京地区买房子，五年内买了两套房子，一开始他因为房贷压力大，每天只能去公司附近的望京新荟城的六层吃十几元的饭，还被公司的其他同事戏称为“六哥”。可是人家现在已经打算卖掉这两套房子，准备在北京买房，因为靠着这两套房子的升值和薪酬的大幅度上涨，他已经有了在北京立足的资本。而那些当初戏称他为“六哥”的同事，有人连续跳槽好几次，工作都不理想，最后离开了北京。与他共事几年的一些同事，还在租房子并且又看到在北京扎根的希望。所以，当你敢于跳出原生家庭给你营造的“舒适圈”，敢于给自己制订奋斗目标，并能拼尽全力去执行时，你一定会快速改正自己身上原有的缺点，并且会遇见更好的自己。

最后，要切割的是你心中的“不平等思想”。一般来说，原生家庭有问题的孩子在长大后会有“不平等思想”，在父母的溺爱里长大的孩子认为自己才是主角，而生活在氛围不好的家庭中的孩子在长大后一般会有自卑心理，前者看别人容易用俯视的角度，后者看别人容易用仰视的角度。所以，我们要做的就是学会平视，只有你在学会与人平等交流的时候，才能处于同样的位置高度，不卑不亢地去面对形形色色的人与事情，最终让自己拥有创造并超越的机会。

最后，我想说的是：如果很不幸，你的原生家庭给了你伤疤，但这伤疤没有镶嵌在你的灵魂里，它只是一层茧，只要你勇敢且坚定地折腾下去，总有一天会破茧而出。

英子的独白

致我最爱的我的家

我母亲是满族正黄旗人，我的父亲是河北人，他们都是知识分子。

我的父亲在大学里学的是采矿工程专业，毕业以后一直在矿区从事相关的技术研发工作。所以，父母亲的工作关系也一直在各个矿区里不停调动，光是我小学期间就换过四所学校。

1986 年在铁矿区的一个山沟里，6 岁的我每天像一个野孩子一样，那时候山上的野菜还很多，我经常和村里的人去山里采蕨菜、猫爪子菜等，然后去排队卖给供销社，一大筐的野菜可以卖两毛多钱，晚上把钱交给刚刚下班的母亲。一天晚上，我还是像往常一样将卖野菜赚的两毛多钱交给母亲，然后等着母亲夸我长大了，夸我懂得帮助家里分担了。可是，这一次母亲却没有夸奖我，而是问了我一个问题：你长大了想干什么？“我想当个农民。”没有一点儿停顿，我的答案脱口而出。母亲听了我的话后，只是笑了一下，却没有像往常一样表扬我。

刚给家里做了两毛钱贡献的我，因为没有得到母亲的表扬，心里的得意洋洋一下子消失得无影无踪。

那时候，我真的一点儿都不懂农民们的悲苦，每天跟着一群附近村子里的小伙伴上山下河，还经常去小伙伴的农家院里玩耍。我觉得他们的父母都好幸福，每天不用像我父母一样要上下班，还能去地里和山上采各种野菜野果。多有意思呀！

之后，母亲催我早点睡。我心里有点不痛快，但还是像往常一样爬上床去睡了。

睡得迷迷糊糊的时候，我听见父亲加班回来了。然后就听见我妈说："小英子长大后干啥呢？我今天问她长大想做什么，她说想当个农民。我对农民没有意见，但是当农民毕竟太苦了，要不等她上完初中以后，我就带着她去做点生意吧，开个服装店什么的也行，总不能在村里或矿上跟着一大帮小伙子上班吧，毕竟是一个女孩子。"

我眯起眼睛，看见父亲将外套挂好，接着他不紧不慢地说："当农民辛苦倒没啥，要做好哪项工作不辛苦？但是不上学确实不好。哪能只上到初中就不上了，她以后一定要读大学，要做出点成绩，人活着得有成就感，得为这个社会创造价值才行。"那时候，我还不知道什么是大学，更不知道上大学意味着什么。但是我在迷迷糊糊中却牢牢地记住了要上大学这句话。后来，我长大一些了，我父亲便经常跟我讲长大后要上大学，并给我讲他读大学时候的经历，还告诉我上了大学才能更好地为社会做贡献。父亲作为那个年代的大学生，有着他们那一代人坚强、执着、纯朴、奉献的崇高精神，这也一直影响我到现在。

上小学时在矿区发生的故事太多了，其中印象深刻的还是农村的人和事。在我四年级的时候我们家搬到了一个金矿区附近，矿区有一个巨大的水库，我们小孩子喜欢在水库旁玩。冬天的时候，我们穿着很厚的棉袄棉裤在水库的冰面上玩。我们在水库的冰面上玩的时候，我一脚就踩进了冰眼里（当时因为有人炸冰打鱼，第二天冰面又封起来了，看着是厚厚的冰，其实是薄冰）。紧接着，“咔嚓”一声，我脚下的冰全碎了，整个人的下半身全掉了进去，两只手支撑在冰面上，我身上厚厚的棉袄棉裤湿透了，只听见冰啪啪地响，我感觉整个人马上就要冻僵了。这时候，小伙伴们都吓得跑开了。10 岁的我也吓坏了，大脑中的第一反应就是我要死了，突然一个女生拼命跑过来，一把将我捞了出来，然后拉着我拼命地跑，只听见后面的冰啪啪的裂痕声，我们一口气跑到她们家，她妈妈把火炕烧得烫烫的，然后把我的棉袄棉裤烘干后给我穿上……她叫崔鸿雁。

后来我去了城里，我看到同学的文具盒是电动的，看到他们吃火腿肠……我很好奇，回家后和父亲说起我所看到的，父亲马上就骑自行车去商店给我买了回来，而且比同学的好，我之前喜欢吃汽水麻花，后来到了城里我开始接触更多的零售食品和各种好看的衣服、饰物，但是我的心里依然对山里面的那些野菜野果有一种特殊的情感。父亲总是告诉我五马不能换六羊，他教会我不给别人添麻烦，不动别人的东西，独立自主。我一直也是这样的。

初中时，父母商量后把我的学籍关系转到了市里，我进入重点中学上学，记得初中学习成绩还是很好的，代数几乎是满分……从农村到城市，生活环境发生了改变，但是我始终知道每个人上学的目的不仅是将来找一份不错的工作。工作后的我，更是身体力行地为别人提供帮助，从公司的同事到编写软件的作者及我的合伙人们，我总是拿出一颗真心对待他们，而这也使我在职场和商场上拥有了好人缘，为我赢得了很多的机遇。其实，当你处处想着别人的时候，别人也会处处照顾你，互相成就才是做事情的核心本质。

另外，当你为社会做贡献的时候，你就不会轻易迷失自己，会始终保持一种纯朴的人生状态。2008 年 5 月 12 日，汶川大地震突然来袭，巨大的伤痛一下子笼罩了整个中国，那时候每天在公交车上、地铁上会看到看手机或报纸的人突然泪流满面。当时，我特别想冲到抗灾一线帮助那些受难的人。不过，被几位朋友劝住了。翻看那时候我写的日记，还清楚地记得当时的一幕幕。

地震了，震碎了很多人的心，穿透了很多人的泪。

消失的人如同灵魂，让人去怀念，去哭泣，去揪心的痛。

而活着的人，除了难过，还用时间去忘却，用时间去重新生活。

时至今日，还有人嘲笑生活在社会底层的人，嘲笑他们身上的老实和纯朴。可是你知道吗，老实和纯朴是你在职场和商场上最有价值的自身资源之一。有人说在职场和商场上拼的是心机，拼的是谁更会尔虞我诈。这我不否认，但我绝对不赞同。我刚做产品经理的时候，签了一个昆明多媒体中心的单子，在刻录 demo 版本的光盘时，客服部忘记加上一个超级链接，少了这个链接，会导致客户在使用的过程中打不开一个按钮。很快，我的一个领导就发现了这个事情。有意思的是，她马上召集大家开会，就这个事情对我展开集中“批斗”。但是我也不服气，因为造成这个错误的不是我，而是她和客服的问题，我给的整个文件包没有问题，而最后审核客服工作并在流程单子上签字的人是她。更有意思的是，她看我不服气还不依不饶，一直闹到总经理那里，最后总经理为了息事宁人罚了我 200 元，客服部的同事被罚了 500 元。刚参加工作不久的我，生平第一次有了一种前所未有的屈辱感，我实在不明白，明明不是我的错，为什么要处罚我，就是为了息事宁人吗？职场上的领导不应该是下属们的职场导师吗？怎么可以这样做呢？她为什么如此针对我呢？我当时真的想不通，内心反复追问自己好多天，就是找不到答案。

一年之后，这位领导被调走了。不过，这一年里我还是保持自己纯朴又积极的态度，因为我很清楚这个工作环境和行业性质，所以尽力争取把业绩做好，尽量保证自己少犯错误，而且从不在工作中弄虚作假。又过了一年多，我跳槽去了一家新公司，背调的时候新公司打电话去她那里核实我的情况，结果她给我的评价是能力平平。知道背调情况的那天，我一回家就坐在床上大哭起来，我跳槽去的公司是我心仪已久的一家公司。而且，我实在不明白，她为什么要这样伤害我。最后，我表哥知道了这件事情后，带着我直接去了她家。我们坐下来深入地聊了一次，我问她为什么这样对我。她的回答至今让我感到震惊，她说："我嫉妒你这么年轻就很优秀，业绩出色，为人纯朴，人缘又好，大家都喜欢你，而且公司与家的距离又那么近。"

很多年过去了，这件事情我依然记忆犹新，但我一点儿也不恨她，而且有时候在内心深处还会感谢她，是她让我知道帮助自己身边的同事有多重要，而且要提升自己，不能嫉妒和打压别人，因为这会让你变得更差劲，你只有保持纯朴本色与大家努力前行，才能快速成长，才能为团队和社会提供更多的价值。

现在总结一下自己人生这四十年，我很想感谢的就是我最爱的家。我的父母不仅给了我生命，还给了我努力、纯朴、坚韧、爱思考等很多特质，让我成为为很多人带去帮助且有价值的人。而那遥远的小山村，那遥远的铁矿区，都是我记忆中永远无法磨灭的一部分，因为它们不仅给了我一个快乐的童年，还让我懂得如何去体谅别人，理解世界，最终使我变得更强大。

这一辈子，被你们陪伴过，真是三生有幸。

2019 年 7 月写于北京

Chapter 2

目标

没有目标的折腾都是瞎折腾

你信不信，在山上时间的流逝速度要比在海平面上快。意大利理论物理学家卡洛·罗韦利告诉我们，“经过练习，任何人都能观察到时间的延缓。使用专业实验室里的计时器，即使海拔只相差几厘米，也可以观测到时间的延缓：放在地板上的钟表走得要比放在桌子上的钟表稍微慢一点。”“变慢的不只是钟表，在较低的位置，所有的进程都变慢了。两个好朋友分别后，一个在平原生活，另一个住进山里。几年之后他们再见面，在平原上生活的这位度过的时间更少，变老得更慢，他的布谷鸟报时的机械装置振动的次数更少。他可以用来做事的时间更少，他种的植物长得更慢，思绪得以展开的时间更少……时间在较低位置比在较高位置要少。”

时间在不同的地方是有快慢之分的，而时间在不同的人身上更会产生不同的效果。如果前者是因为物理本质，那么后者体现的就是个人对时间使用效率的高低。爱折腾的人生更丰盈，人在折腾时必须掌控自己的时间效率，有的人折腾数年一事无成，有的人一番折腾后收获鲜花与掌声，而造成时间效率有差异的一个重要原因就是目标设定问题。

目标设定有问题的折腾，最后都是瞎折腾。

我们都是
手中没有伞的孩子

我们都是手中没有伞的孩子，所以在成长的风雨中必须努力奔跑。可是仅仅努力奔跑就可以了吗？你要先把自己置身于大雨天的场景之中：

A. 没有伞的你低着头奋力奔跑，你总是相信会在不远处找到避雨的地方。

B. 没有伞的你在奋力奔跑的同时，还抬头搜寻着身边最近的可以避雨的地方。

现在你一定会发现，当你处于 B 场景中的时候，你一定会用较快的速度找到地方避雨，因为当你处于 A 场景中时你的精力全部用在了奔跑上，而当你处于 B 场景中时你的所有努力都在迅速达成目标。所以，你在努力时必须让自己的目标始终清晰。

然而，在我们实际的工作和学习中，很多人往往处于 A 场景中。有的人有了一份足以养家糊口的工作，结果每年一直盯着薪资那点儿可怜的涨幅，却忘记了提升工作能力，而提升工作能力才是真正帮我们实现阶层跨越的核心竞争力。你在“996”模式的工作与生活中挣扎，但还是竭尽全力保证自己每年出国旅行一次，每月参加一次行业圈子的聚会，每天在朋友圈、微博和抖音上晒一下自己的心情感悟。你觉得在充实的工作与生活中也有着一点儿美好，马马虎虎也算不错。可是，你有没有发现走得太久的自己已经忘记了当初为什么出发呢？

真正决定我们人生幸福指数的关键指标就是目标的坚持指数。所谓的“目标坚持指数”，其实就是你在追寻目标过程中的自我评分。我是一个目标感特别强的人，大约从小学起我就喜欢每天完成一个小目标。当然，这和我的家庭教育环境有一定的关系，因为我父母不喜欢把今天的事情拖到明天做。所以，我的目标感随着年龄的增长越来越强，而在这个过程中我也会给自己完成的目标进行打分。

我至今还记得我的“仰卧起坐事件”，因为这是一个不折不扣的“零分事件”，而这件事情在我的记忆和成长中特别刻骨铭心。上小学的时候，我因为成绩、表现等各方面比较好，所以算得上是老师们眼中认真学习的好孩子。因此，老师们也都乐意把重要的事情交给我完成。当时我们班上有个女孩做仰卧起坐特别厉害，能比同龄人多做几十个。一次教委领导来我们学校视察，学校领导便安排那个女孩表演仰卧起坐。老师为了计数准确，便安排我去计数。当时的条件特别简陋，就是我按住那个女孩的双脚然后帮她计数。不巧的是，那天那个女孩恰好生病了，老师和同学们都很担心她的状态，所以，从她早上一到学校大家就处处呵护着她，不停地对她说加油鼓劲的话。等到表演开始之后，大家为她加油鼓劲的劲头更足了，周围一片加油声。结果，那个受到大家鼓励的女孩超常发挥，成绩又创了新纪录。但是，被周围气氛感染的我数着数着竟然也跟着开始喊加油。最后，当老师问我做了多少个时，那一瞬间我的大脑一片空白，什么也想不起来了。

“仰卧起坐事件”对我影响特别大，因为老师认为我学习、做事总是能抓住重点，坚定目标，不会轻易分心，可是我却给大家带来了一个不好的结果。不过现在看来，“仰卧起坐事件”在我的生命历程中有很大的影响，从此我知道了目标就是做事的灯塔，任何时候都必须跟着灯塔的引导去做，才不会让自己轻易脱离赛道，更不会让自己因为走得太远而忘了为什么出发。可以说，一个人的成功，关键不是你跑得有多快，而是你始终知道自己将要去向何方。而知道自己去向何方，就得经常思考和分析，有规律地给自己的付出和收获进行“评分”，看看自己是否一直身处正确的赛道，是否保持正确的前进方式和高效的状态。

既然目标如此重要，那么我们就要给自己制订目标了。怎么制订目标呢？自然是从“核心需求”出发。任何一件事情都有它的“核心需求”，这就像开发一个软件产品一样，一切不围绕“核心需求”的目标，最终收获的都是“垃圾产品”。事实上，提炼“核心需求”的时候，特别容易被“伪需求”混淆视线。比如，在朝夕万变的移动互联网时代，很多 PC 互联网时代的企业想转型，其管理层在面临淘汰时会犯为了转型而转型的错误，新开发的市场点和拓展产品没有了解“核心需求”，在一些“伪需求”的失真数据的支持下，便匆匆快速推进，结果不但没有转型成功，还加速了企业被淘汰的进程。从我的经验来看，我们在奋斗的过程中经常遭遇的“伪需求”有这样几个特点：

A．伪需求不一定是假需求，但一定不是核心需求。

比如，前几年在许多城市兴起的“泡面小食堂”，虽然火爆了一阵子，但很快昙花一现般陷入了沉寂。归根结底是人们有吃美味泡面的需求，但这种需求只是生活中的“配角需求”，在你把“配角需求”当作“主角需求”来对待的时候，那吃亏就是一件大概率发生的事情。

B. 确实有需求，但是需求频率不高。

什么是高频率的需求呢？每部新买的手机可能需求配一个手机壳，手机壳是不是高频的需求呢？是，因为每个人在不能频繁换手机的情况下，会通过频繁换手机壳增加“新鲜感”等使用体验，所以更换手机壳就是一个高频率的需求。那什么是低频率的需求呢？以婚介行业来说，婚介所、网上的婚恋网站都是“纯刚需”，是实打实的社会需求，而且需求量很大。但是需求量很大却不够高频，因为客户只要找到另一半基本就不会再去了，所以婚介行业的公司是不会有很高市值的。

C. 你的需求的痛点要足够痛。

需求必须满足高痛点。比如，你在炒菜的时候发现一种调味料没有了，而你做饭时很喜欢用这种调味料，但是你无奈之下用了另一种调味料，结果发现做出来的饭菜味道也挺不错。但是，你不一定会购买这种调味料。从根本上来说，你对这种调味料的需求不足够痛。

综上所述，“核心需求”的三个特点就是真实、高频率、高痛点。那么，我们在给自己的人生设定奋斗目标的时候，必须从自己真正想要的、能高频率坚决执行的和满足自己切身需要这三方面出发，从而让自己在一条正确的轨道上快速地奔跑，直到实现自己的人生理想。

别把青春
浪费在舒适区里

几乎从来不看电视剧，几乎从来不参加无意义的社交，每段独自思考的安静时光不能白白流逝。这是我一直以来对自己的要求，因为我必须保证自己有足够的时间和精力去不停地“折腾”。所以，我的生活几乎很少有所谓的舒适区。“舒适区”一词在近些年一直是网络上和生活中的热词，几乎有人言谈的地方就能听到这个词。关于舒适区，我比较赞同心理学家阿拉斯代尔·怀特对于舒适区的阐释：人把自己的行为限定在一定的范围内，他对这个范围内的人和事都非常熟悉，从而有把握保持稳定的行为表现。但是，我很想在这个阐释后面加上一句话，“我们的不确定、匮乏和脆弱都降到最低，我们认为自己拥有足够的爱、食物、才能、时间，能够获得足够的欣赏，我们能感受到自己的控制力，直到这一切都失控之时。”

所以，舒适区带给我们的享受就是我们感觉这个领域是自己的国度，我们就是这里的王，随心所欲地掌控着这里的一切。可是，世界从来都是不断前进、不断变化的，从来就没有一成不变的事物、环境或状态。因此，当你停滞在舒适区的时候，未来等着你的一定是一切都失控时的惊慌错乱与茫然无助。所以，亲爱的朋友，请别把青春浪费在舒适区里。请继续向着未来努力折腾下去吧。

其实，我们很多时候会在舒适区里停滞不前，除了自己害怕折腾、不愿意吃苦、没有奋斗精神等因素，最关键的一个因素之一就是没有让自己走进下一段征程的目标。如果你的目标只是拥有一口井，想每天坐在里面喝着清凉的井水，看着井口大小的天空，那么当干旱来临、井水干涸时，你的唯一选择就是变成某一片龟裂的泥浆。

事实上，很多人处于舒适区且没有新的奋斗目标，每天过着重复的生活的一个重要原因就是焦虑水平过低。早在 1908 年的时候，著名的“Yerkes-Dodson 曲线”就诞生了，在动机强度低于最佳水平时，随其强度的增加，作业的水平不断提高；而动机强度超过最佳水平时，随其强度的增加，作业的水平不断下降。这一研究结果被称为“耶基斯－多德森定律”。

耶基斯和多德森做过一个很有趣的实验，他们实验的对象是大鼠。当他们研究的大鼠处于焦虑水平较低的时候，其各项技能水平也特别低。可是，当大鼠受到刺激表现得更为焦虑的时候，其各项技能水平会越来越好。不过，当焦虑超过最佳水平的时候，大鼠的各项技能水平又会出现下滑，各种活动都存在一个最佳的动机水平。动机不足或过分强烈，都会使工作效率下降。研究还发现，动机的最佳水平随任务性质的不同而不同。在比较容易的任务中，工作效率随动机的提高而上升；随着任务难度的增加，动机的最佳水平有逐渐下降的趋势，也就是说，在难度较大的任务中，较低的动机水平有利于任务的完成。

这个时候，我们仔细思考一下，真正能够带给我们焦虑的其实就是目标。有人为了考上“985”或“211”大学在焦虑中日复一日地挑灯夜战；有人觉得能上大学就可以，所以高中三年每天过得比较轻松；有人为了一线城市的工作机会在焦虑中不断努力提升自己；有人觉得在家乡找一份能谋生的差事，人生就可以过得很美满。可最终的结局往往却是，实现理想大学目标的人毕业后便拥有了在一线城市的优质工作岗位上继续提升自己的机会，人生越过越顺遂，焦虑慢慢变成了事业有成的鲜衣怒马和轻松惬意。而那些不思进取的人，可能日子往往越过越艰难，因为这个世界永远在变，包括他们的舒适区。既然舒适区也会变成非舒适区，那我们为什么不早做打算，为什么不早点定下新的目标、开启新的征程呢？

2010 年 10 月，我当时还在做“105 数字商城”。一天，我在面试时遇到了一个至今都让我记着她面孔的女孩。因为她当时问了一个令我至今难忘记的问题，她说：“请问在你们企业干到多少岁可以退休？”一个 1988 年出生的年轻小姑娘，大学毕业后的目标就是找一个可以让自己舒适一辈子的“铁饭碗”。我当时诧异地回想了一下现在是不是 2010 年，这里是不是在互联网浪潮如火如荼发展的北京。所谓的“铁饭碗”，所谓的舒适区，不是别人给你的，而是你自己给自己的。更何况，这世界哪有什么永远不变的舒适区呢？

我们再来听一个“正面案例”。讲这个案例之前，我想先问一句：一个不安于舒适区、一直坚定目标努力向前的人到底有多可怕呢？也许我们每个人在听到这个问题的时候，脑海中会浮现出一个熟悉的面孔。而在我的脑海里，浮现出的这个面孔就是李叔的面孔。李叔是我认识好多年的一位长辈，也是我的沈阳老乡。他早年参加工作后就特别努力，在银行从一个小职员一直做到某二线城市银行分行副行长的职位，就在事业如日中天的时候，他主动跳出自己的舒适区，选择了下海创业。从一名城市银行分行副行长变为一个普通的创业者，角色之间的转变之大真让人感叹他的勇气。而且在开始创业的时候，他既要扮演老板的角色，又要扮演其他的角色。结果，2010 年的时候，他从北京的北三环到安定路那边所投资的房产价值就已经过亿。我第一次和他吃饭时，第一眼以为人家 30 多岁，没想到却是 50 多岁的叔叔辈了。他特别乐观，做事情不轻易服输，总是想着“挑战一些有难度的事情”。

写到李叔的时候，我在整理自己的日记，恰好看到了自己的一段日记，刚好记录的就是我对“如何面对舒适区”的态度，内容如下：

> 我，创业过好多次了。有过失败，有过成功，有过挫折，有过难过，有过三天不吃饭，有过自己在家连续哭几个晚上，虽然经历了很多，但是并不代表我成熟了，因为人这辈子的经历太不好说了。
>
> 很多年来，我曾有过创业的无助，创业的迷茫，遭到合伙人的背叛，曾一个人在公司过年，曾三天不吃不喝在家沙发干坐！遇到过下雨天自己边哭边在外面走 4 个小时，遇到公司被骗，遇到安全局、公安局联络喝茶，经历过融资、投资、合伙。做过不到七、

八个公司。遇到家庭危机，经历过悲伤、快乐、幸福、哭泣、还有很多的心惊胆寒、夜不能寐……

我记得那些日子的苦。有人说经历得多了，就不会疼，也不会痛，错，经历得多了，同样会疼会痛，每次都是一样的感觉。

偶尔会诉苦说这一次比哪一次都痛，其实，只是忘记了上次的痛而已。

那些无用的努力，都是不会“拆解日子”

荀子说：“不积跬步，无以至千里；不积小流，无以成江海。”但是你仔细想过吗？怎样的积累才能以小小的跬步形成千里之行？又是什么样的小流才能汇集成波涛汹涌的江河湖海？我想，这小小的跬步和那细细的小流都是一个个被我们拆解的具体目标，它们有着自己的责任又有着统一的方向，每个细微个体的责任联系起来就是一个很大的目标。所以，我们必须学会“拆解日子”。生而为人，我们的每一天都在“日子”里奋进，如果某些日子没有目标和责任，那么这些日子就会成为一段散乱的岁月，而当每一天的时间都被赋予清晰的使命意义时，那么每一段岁月都是我们生命里美好且伟大的见证。

我曾经看过这样一个关于时间与生命的寓言故事，它阐释了每一秒钟的时间对于我们人生的意义。

> 一个荒岛将要被水淹没。
>
> 岛上住着的生命、财富、虚荣等居民，纷纷坐船逃难。
>
> 生命慢了一步，船已经沉没。
>
> 她先向财富求救，
>
> 财富却说："我的船装满了钱，已经没有位置。"
>
> 她又向虚荣求救，
>
> 虚荣不仅没同理心，甚至嫌弃生命湿漉漉的，会脏了他的船。
>
> 唯独时间，伸出了援手。在危难之际，挽救了生命。
>
> 生命不解："你为何愿意救我呢？"
>
> 时间笑答："因为我注定见证你的伟大。"

"拆解日子"，制订合理的奋斗目标，让每次努力不白白付出，其实这也是个挺考验技术的活儿。比如，高晓松将日子拆解成了音乐、读书和旅行，于是他的日子就变成了诗和远方。而有的人将自己的日子拆解成了北上广深核心区域的房子、BBA 等一线品牌的车子、LV 等国际大牌的新款包包、各种随便一款便花掉一个月工资的世界潮流数码产品，结果他们的日子就变成了浮躁和焦虑。日子真的不是这样“拆解”的，这样的拆法会拆毁你的人生。

在 1984 年东京举办的国际马拉松邀请赛上，一举夺冠的人是名不见经传的山本田一。要从许多田径强国的选手参加的马拉松赛事中夺冠，是特别困难的。在赛后采访时，山本田一被问的第一个问题就是他是怎么取得如此惊人的成绩，成功的秘诀是什么？山本田一的回答是：凭借自己的智慧战胜对手。马拉松比赛一直都是世界田径体育赛事中的“明星项目”之一，特别考验参赛者的体力、耐力和速度，说依靠智慧实在令人费解。两年后，他又一次折桂意大利国际马拉松邀请赛。在记者问他的成功秘诀时，他的回答还是依靠智慧取胜。山本田一的秘诀到底是什么呢？在他退役后的自传中才揭开谜底，他这样说：“每次比赛之前，我都要乘车把比赛的线路仔细地看一遍，并把沿途比较醒目的标志画下来，比如第一个标志是银行，第二个标志是一棵大树……这样一直画到终点线。比赛开始后，我就以百米冲刺的速度奋力冲向第一个目标、第二个目标……四十多公里的赛程就被我分解成这么几个小目标轻松跑完了。”“起初，我并不是这样做的，我把我的目标定在终点线的那面旗帜上，结果我跑到十几公里时就疲惫不堪了，我被前面遥远的路程给吓倒了……”

故事很简单，但是其中却蕴含着“拆解日子”的真谛，即积小流而成江海。

根据我的经验来看，拆解目标的方法不外乎这三个步骤：

第一步，用能力的标尺去衡量目标。拆解目标的第一步，就是要衡量你的能力达不达标。如果你计划下个月的收入增加 1000 元，那么你是用理财的手段实现还是通过做副业实现呢？衡量一下你的理财水平和做副业的能力就知道了。这时候，不需要强行制订目标。比如，你的无风险理财收益只有 300 元，但你却抱着必须去挑战 500 元的目标买了股票；以你做副业的能力也只能接一个 300 元的项目，你却强行挑战 500 元的项目。最终的结果很大可能是做股票亏损了本金，副业没做成还损失了客户，而 1000 元的目标还是没有实现。这时候，其实你的目标应该是 700 元，敢于挑战很好，衡量你能否挑战成功的标尺也很简单，这个目标应该是你踮起脚来可以触碰到的，而不是助跑起跳后才有可能触碰到的，因为后者偶尔一两次碰到不是常态，你控制了常态才能掌控结果。

第二步，用加法拆解还是用乘法拆解。很明显，山本田一拆解目标的方法就是加法拆解，即按照加法原理将大目标拆解成为一个个小目标去完成，最后加起来就是总成绩。那么，乘法拆解是什么呢？举一个简单的例子，你的收入 = 工作时间 × 工作效率 × 时薪价格，那么只要你让其中的任何一项得到提升，你的收入都会增加。所以，如果想让自己的收入有更大的提升，那么你就要让三项的配比更合理，尽可能大的释放价值。

第三步，循序渐进，多思考，不着急。拆解目标的一个核心目的就是为了你能坚持下去，让你的执行力得到进一步的提升。所以，这时候就需要你循序渐进，不断积累，在这个过程中多思考，不要坚持了两三天就想着换条路走。不着急，宁可十年不将军，不可一日不拱卒。

目标里
不允许有不擅长的事情

遇到自己特别不擅长的事情又不得不做时怎么办？这真是一个让人纠结的问题，不仅在我们的生活中总是会遇到，而且避无可避。比如，你在一个风雨交加的夜晚必须开着车送自己突发疾病的家人去医院，而你刚拿到驾照，还是个货真价实的新手司机，如果此时你朋友的、亲戚的包括 110 和 120 等所有电话都打不通，你是不是会硬着头皮开车上路呢？我想大多数人都会选择硬着头皮开车上路，因为这件事你不做不行，你硬着头皮开车上路还是有希望的。

我们很多人在设定人生目标的时候，会硬着头皮给自己设置，然后硬着头皮去执行落实，最后碰得脸肿鼻子青的。很明显，人们只知道自己不擅长什么。”比如，一场音乐会结束了，乐队的主唱在满堂喝彩中退入休息室。这时室外有粉丝嚷着要求主唱签名，主唱的助理便来找他要签名。主唱有些累，就说：“不签！不签！”助理对他说：“你就签一下吧，谢绝粉丝不太好。”主唱说：“好吧，好吧，可是不能超过十个人，一定不能超过十个人。”助理说：“一共只有一个。”再比如，一只骆驼辛辛苦苦穿过了沙漠，一只苍蝇趴在骆驼背上，讥笑说：“骆驼，你这么辛苦把我驮过来，而我竟然不需要花一点儿力气。”骆驼看了一眼苍蝇说：“你在我身上的时候，我根本就不知道，你要走，也没必要跟我打招呼，你根本就没有什么重量，你太高估你自己了，你以为你是谁。”

很多时候我们就像趴在骆驼背上的那只苍蝇，只有在时代洪流的风口浪尖上顺势而为，将自己的能力发挥出来，才能取得不错的成就，而不是逆流而上穿越沼泽翻过大山才取得成功。前者是大多数成功者的真实写照，后者只是“毒鸡汤”的情怀添加剂。

成功对于大多数人为什么那么难？是因为道路坎坷难以抵达成功的彼岸吗？不是，成功一定是一条通畅、简单、能施展才华的道路，只是找到这条道路的难度很大而已，找不到时，人会焦虑不安，感觉全世界都在与你为敌，找到后虽不会一路顺风顺水，但也是你完全可以走过去的路。

因此，在制订目标时不要轻易挑战自己不擅长的事情，更不要总是高估自己。最后再说一点，高估与低估往往在一念之间，正确认识自己，看清楚自己能做好什么和不能做好什么，才不会左右挨耳光，不吃高估自己的亏，也不受低估自己所带来的挫折的阻挡。比尔·盖茨曾说："大多数人都会高估自己在一年内所能做的事情，却低估自己十年内所能做的事情。"

一只麻雀飞过一片草场的时候，看到一只雄鹰从天空俯冲下来抓走了一只羊羔。它看了看自己，一样有翅膀有爪子，它拍着翅膀喊："我也要像那只鹰一样！"于是，它也从天空中俯冲下来，并且对着一只肥大的公羊抓去。结果，因为这只肥大的公羊的毛蓬松而黏稠（它习惯躺在黏稠的泥浆里），麻雀一冲下去，爪子就被缠住了。这时候，因为被老鹰抓走羊羔而怒气冲冲的牧羊人走了过来，一把抓起麻雀并塞进了牧羊犬的嘴里，忿忿不平地说道："老鹰抓走羊羔我认了，你一只麻雀还看不清自己的实力。"

生活中，正确认清自己十分重要，有时候不仅决定成功与否，还决定生与死。

不要把
运气也计划进去

“生活从来不会因为你是女生就温柔以待。”这句话直戳每个女生的心底，我也不例外。都说爱笑的女生运气不会差，这仅仅是因为笑容吗？我想一定是因为笑容背后展现的乐观与豁达。前路漫漫雨纷纷，每次好运的背后都是你对人生斟字酌句的仔细考量，是你基于对现实环境的清晰认知而落落从容的把控。有句话说得好，“世界上没有碰巧的成功，更没有白费的努力。所谓好运气，不过是机会遇到了努力的你。”因为上天终究还是公平的，从来都是一份付出才有一份回报。所以，我们在设置目标的时候，千万不要把运气也计划进去。把运气计划进去，其实就是存有侥幸心理，当你期待每次拿不准的事情会有好运气加持的时候，结果可能会与你想象的不一样。

从前有座山，山上有座庙，庙里住着两个和尚，老和尚六十多岁了，小和尚十二三岁。一天，老和尚对小和尚说："咱们米缸里的米只够吃几天了，你下山去买些米吧。"小和尚听了老和尚的话，便拿起米袋子向山下走去。半个时辰后，小和尚就返回来了。"出了什么问题吗？没有买到米就回来了。"老和尚问。"山下的那座桥被洪水冲坏了，不能过河。"小和尚说。"不是可以从其他的路绕过去吗？为什么一定要走桥呢？"老和尚说。"绕过去需要多走一半的路程，而且附近的村民说他们马上就修好桥了。这样我还不如等到明天再去，反正米缸里的米还能再吃两三天。"小和尚回答道。老和尚听了小和尚的话，张了张嘴却没有说话。第二天一大早，小和尚背着米袋子就下山了。可是半个时辰后，小和尚又空着手回来了，因为村民们还没有把桥修好。"今天，桥还是没有修好吗？"老和尚问道。"是的，我问过村民了。明天肯定能修好，我明天再去买米好了。"小和尚回答。第三天一大早，小和尚就背着米袋子下山了，还没有半个时辰，小和尚就气喘吁吁地跑回来了。"师父，不好了，桥不但没有修好，昨晚上游的堤坝还塌了，洪水把附近的山路都淹没了。这下根本没法出去买米了，我们要挨饿了。"小和尚着急地说。"我们饿肚子基本上是注定的。在第一次发现山下的桥坏了的时候，你就应该绕路过去。虽然多走一段路，但是米肯定能买回来，可你心存侥幸，觉得第二天就会修好。第二天没修好的时候，你就不能再等了。今天发现彻底出不去了，为时已晚。”老和尚说。小和尚问：“那怎么办呢，师父？”“还能怎么办？跟我出去挖野菜吧。记住，心存侥幸永远只会让人吃亏。”

在现实生活中，我们很多时候就是这个故事中的小和尚，遇到困难总是心存侥幸，觉得自己运气不会差，可等醒悟的时候，发现已经难以脱身。

近些年来，作为移动互联网创业浪潮中倒下的“符号化案例”，ofo 小黄车的失败其实也是侥幸心理的牺牲品。从风头无两的共享经济模式下的“标杆创新企业”，到拖欠用户巨额押金难以退还，公众号上卖蜂蜜，被供货商集体告上法庭……ofo 小黄车的倒下有着许多的原因，但是从媒体曝光的新闻来看，ofo 小黄车创始人戴威犯下的一个又一个心存侥幸的错误也是失败的关键因素之一。

在与竞争对手摩拜单车的对决中，机械锁的漏洞一直迟迟不解决，除了比竞争对手体验差，还因为机械锁的功能漏洞成了“羊毛党”们的新生意，数以万计的“羊毛党”都用着同一个开锁密码。复盘 ofo 小黄车的发展历程，不难看出侥幸心理的存在，如果从一开始就认真做好产品，让自己商业模式的护城河开阔一些，在资本市场的博弈中能够谦虚听取合理意见，不心存侥幸地意气用事，怎么会落得如此这般田地？

ofo 小黄车的创始人戴威，从小不仅成绩优秀，更是当过北京大学学生会主席。可是，为什么还会在 ofo 小黄车的创业发展中屡屡心存侥幸并犯下致命的错误呢？目前来看，他把从小以来的顺风顺水当作一种能力，觉得自己永远会被幸运垂青。在 ofo 小黄车的发展已经显露出败迹之时，其早期投资人朱啸虎劝戴威将小黄车和摩拜单车合并，固执的戴威拒绝了。最后，朱啸虎选择卖出 ofo 小黄车的所有股份，而此时的戴威还是喊出了“跪着也要活下去”的口号，可是，此时幸运早已不再垂青他。

2017 年，“网易年度最具影响力企业家奖”颁给了戴威，颁奖词是这样写的：他是 ofo 的创始人，是“90 后”创业的代表人物。关于未来，他喊出“今天的 ofo 会和 Google 一样影响世界”的响亮声音。这个曾经的单车少年，正在用他特有的固执，一步一步实现自己的梦想。正是他的固执，让世界知道中国还有一项伟大的发明叫共享单车。历历在目的颁奖词，历历在目的明星创业项目，一转身却已是过往烟云。时间如果能够倒流，戴威和他的 ofo 小黄车还会再对创业二字心存侥幸吗？同样的道理，如果你将未来寄托于侥幸，那么未来必将以痛吻你。

英子的独白

不满足于现状的人生更丰盈

夜深人静的时候，翻看自己曾经写的日记，也是一件有趣的事情。

昨天晚上睡觉很晚，最近一段时间很忙，见的人也很多，各种各样的故事交杂在一起，也不知道谁和我说了什么，也不知道联想到了什么。

昨天晚上，我梦见自己是妈妈要来的孩子，哭了一夜。原来我那么爱自己的妈妈，对我无条件付出的妈妈居然不是生我的妈妈，哭得我一塌糊涂。

上午忙完，抽空打了个电话给妈妈，告诉她这些，她骂了我，说没良心的，对你付出那么多，居然梦见这样的梦。其实不然，我突然好想妈妈，更爱妈妈了。

现在的我快要30岁了，但是内心的坚强里透露着一股脆弱、稚嫩，也许，这就未来的老顽童吧。昨天，我和一个朋友在咖啡厅聊天，那个人比我小，老板说

“是你姐姐吗”，真高兴，也算被夸吧。

日子，就如同春夏秋冬，轮回，漫长又蹉跎。

我的记忆力下降得很快，是忙得吗？前天下班，刚到家，发现钥匙落在公司了，又转头回去，到了公司已22点多了，没有找到钥匙，发现在包里。又赶回家，连洗澡都懒得动弹了，躺在沙发上睡着了。早晨起来，拿起包就出发了。

我想我最近需要淡定一下，按照目标向前。

这篇日记写于我30岁到来之际，现在回看起来还有小女生的一些多愁善感的特质。不过，就在这样的多愁善感里，我还是看到了那个一直追着目标向前冲的自己。给自己一个跳起来才够得着的目标，是我这些年在设置目标规划时的一个重要标准，因为我无法让自己处在一种舒适安逸的状态里，只有跑起来听着风从耳畔呼啸而过，我的内心才能真正感觉到流淌于岁月静好里的现世安稳。

我总是这样严格要求自己，是因为我是一个缺乏安全感的人吗？恰恰相反，我是一个从小就很有安全感的人，尽管因为脑袋大、身子瘦，总是被人视作“小配角”“小跟班”，但我的表现总是显露出“自带主角光环”的一面，小时候是孩子王，长大了是小伙伴们身边的主心骨，而这些都是我的严格要求给我的，那就是做事情要达成一个高成就感的目标。

我小时候特别喜欢踢毽子，而且加入了学校踢毽子的社团准备参加比赛拿奖，结果父亲觉得我在踢毽子上投入时间、精力太多了，让我从踢毽子社团退了出来。那段时间，我的抵触情绪特别严重，一度觉得父亲是这个世界上对我最不好的人。后来，在父亲的引导下，我开始像热爱踢毽子一样热爱学习，每次考试给自己定一个需要挑战的目标，就这样一路从矿区的简陋小学挑战进了大学。

工作后我不满足于仅仅干好手头的工作就好，我更不满足只做一个被人安排去执行各种职场指令动作的人。我开始挑战更高的职位，一步一步成为高管，再一步一步成为股东、合伙人，正是这样的不满足于现状，才将我推到了今天的人生位置。

所以，在这一章的结尾，我要强调的是：给自己定的目标，跳起来才够得着，其实这些目标就是一个个阶梯，阶梯的尽头就是你内心想要的东西和你想遇见的那个自己。

2019 年 10 月写于北京

Chapter 3

不拖延

世间多少梦想成为拖延的牺牲品

美国《纽约时报》网站于 2019 年 3 月 26 日刊发撰稿人夏洛特·利伯曼的文章《你为什么拖延——与自我控制无关》，文章中写道：从词源上看，“拖延症”一词来源于拉丁语动词 procrastinare，意为“拖延到明天”。“拖延症”一词也源自古希腊单词 akrasia，意思为做一些违背我们意愿的事情。卡尔加里大学动机心理学教授皮尔斯·斯蒂尔博士认为“拖延症是一种自我伤害”。

“老演员”王建国对于自己拖延症的自嘲，也是戳中了无数拖延症人群的内心，他说：“如果有人问我，你准备好迎接新的一天了吗？我会说，我准备好迎接前天了。”

今日复明日，明日何其多。拖延症就像温水煮青蛙一样，在一分一秒的拖延中让自己逐渐变得焦虑、暴躁、颓丧，直到被拖延带来的痛苦深渊所吞噬。

所以，不论你多有雄心壮志，也不论你多么才华横溢，如果不踢开拖延症这个绊脚石，你还能走多远呢？

你不得
不知道的拖延心理学

美国著名心理治疗专家威廉·克瑙斯在《终结拖延症》一书中写道:“拖延”的含义远不止是推迟某事，这个概念也不像很多人想象得那样简单。下面是我的定义：拖延是一种成问题的习惯，它会把重要的和有时限的事情，推到其他时间去做。拖延过程很可能会造成一些不良后果。

在日常生活中，我们难免会对一些即将到来的事情有负面看法，这些看法里总会包含一种转移注意力的冲动，让你想用一些无关紧要的事情来代替。这个过程中总会伴随着拖延思维，比如“晚些吧，等我准备好了以后再做”。拖延可不仅仅是简单的逃避行为，这个过程包含了一系列相互关联的理解和想法（认知层面）、情绪和感受（情绪层面）及行动（行为层面）。拖延远比一个简单的行为问题复杂得多。一颗微不足道的“晚点儿会更好”的拖延种子，之后会长成一棵成问题的习惯之树。那些拖延的决策，让你把事情推迟，给你带来即时的放松和希望。这些放松和希望的感觉会强化拖延决策，让你更容易再次做出拖延的决策。随之而来的是，你可能找理由为自己的推迟辩护，并一再请求延长期限。各类推迟模式总是错综复杂，而拖延就是它们的大集合。

我们来看一个案例：简面对公司季度财务结算的书面分析，陷入了拖延的挣扎。在拖了数周之后，简决定在周末完成这份报告。在周日的午饭后，她准备好了要开始，无精打采地走向她的电脑，想要写东西，却退缩了，下面就是随后发生的一系列事情。

（1）当简坐下准备写报告时，她听到草坪上高草的召唤，她得去剪草。

（2）简走向剪草机，拉动绳索。在这一刻，她听见拖延的声音，拖延又一次降临到她的生活中。

（3）她想，等她剪完草之后就去把报告搞定。这个想法让她觉得宽慰了许多。她把注意力集中在剪草上，并把心里唠叨的提醒抛诸脑后。

（4）剪完草之后，简看到邻居在游泳池旁边呷着柠檬水，就走过去与之闲聊起来。

（5）跟邻居闲聊了一会儿以后，简回到家里做饭。

（6）吃完晚餐之后，她去小睡了一会儿。她对自己说：“我稍后就开始，等我有精神了就开始。”

（7）从小睡中醒来以后，简意识到，看晚间新闻的时间到了。她告诉自己：“看完新闻以后，就是熬到深夜也要把报告做完。”

（8）新闻结束了，简回到电脑前。可是，她的手指好像不那么听使唤似的。她点开“蜘蛛纸牌”，沉溺在游戏里。

（9）当她再次意识到时，发现已经是深夜了。她想，现在开始太晚了，我还是明天早点儿起来做吧。这个新决定让她感觉好些了。

（10）早上 7 点，她的闹钟响了。简匆匆忙忙地为上班做准备，根本没有时间写报告了。

（11）到办公室以后，她决定先把眼前要忙的事情处理完。等她打完电话回完邮件以后，午饭时间到了。

（12）简没吃午饭，赶快写报告跟下午 4 点的截止时间赛跑，但她已经没有时间了。

(13)疲惫不堪的她，以“情况比想象得复杂”为由，向老板请求推迟期限。老板同意多给她一天时间。

(14)她屏蔽掉其他所有事情，完成了报告。

(15)恼怒不已的简开始自责，她觉得如果早点儿开始的话，一定可以做得更好。她发誓下次一定早点儿开始。

(16)但下一次报告又来了，她的拖延模式一如往昔。

简的拖延方式说明拖延症既自动自发，又涉及大范围。而在现实生活中，我们可能都是威廉·克瑙斯研究案例中的简女士，从一开始就陷入拖延的魔咒当中，许多看起来平常又简单的事情，执行起来却是一塌糊涂，归根结底就是我们自身出了问题，尤其是心理方面。

Wait But Why 的联合创始人 Tim Urban 曾在 TED 演讲《你有拖延症吗》，在这篇堪称全球著名的演讲中，Tim Urban 指出：“在拖延症患者脑中决策者总有一只及时行乐的猴子（Instant Gratification Monkey），它总是影响我们脑中在正确的时候做正确的事情的理性决策者（Ration Decision Maker）。”

仔细回忆一下，我们就会发现在每次陷入拖延的魔咒时，都会经历这样的怪圈：

第一步：斩钉截铁地告诉自己，这次一定不会拖延，并且设定计划，定好闹钟，准备早点儿开始；

第二步：我必须马上开始了，时间还很充裕，不妨先消遣一小会儿；

第三步：时间这么充裕，我玩一会儿再开始又能怎么样呢？

第四步：还有时间，应该来得及，心里开始有点儿侥幸了；

第五步：我这个人真是有毛病，终于开始了；

第六步：我得停下来透口气，状态不好实在是太折磨人了，心里已经开始焦虑；

第七步：迟迟不能继续开始，开始怨恨自己，甚至会打骂自己，情绪很负面；

第八步：又一次开始了，没过多久却主动放弃了，因为时间来不及了，整个人非常沮丧。

从第一步梳理到第八步，你会发现“及时行乐的猴子”一直在操纵着你，直到你“任务失败”陷入深深的沮丧之中，它才离开你。那么，怎么将“及时行乐的猴子”从我们的身体中赶出去呢？

先来聊聊我对拖延症的看法。有人说拖延症是新时代年轻人的标志，因为父母那一代人很少有拖延症，他们每天早起锻炼身体、打扫屋子，做其他家务，几乎很少能看到拖延的迹象。我创业这么多年，从我自身和身边小伙伴的工作情况来看，我觉得拖延症是体现执行力如何的一个表现，执行能力强的人本身拖延症不会那么严重，而执行力强的都是目标感强的人。

很多时候拖延症是一种“习惯顽疾”。从很小的时候我就没有拖延症，有事就想抓紧做完，假期作业做完才能玩，包括吃饭时，我也是先把碗里不好吃的吃完，再吃好吃的。

所以，要将“及时行乐的猴子”从我们的身体中赶出去，第一件要做的事情就是增强目标感，养成不拖延的好习惯。我见过一些“拖延症重度患者”，一个方案交付的日期一改再改，因为部门负责人爱拖延，最后整个部门染上拖延症，项目变得半死不活，所有人又受业绩压力的影响，每天心里有事儿，上班、回家都不开心，严重的时候大家每天上班像赶赴刑场，一点儿上班的欲望也没有。

要增强目标感养成及时执行的好习惯，我们还得从内心深处接纳拖延。什么？接纳拖延？你没有看错，我也没有写错。因为人不是机器，不是设置一个时间到点就会运转。当你从内心深处接纳拖延的时候，你就不会随便陷入自责和焦虑之中，会以愉悦的心情找到状态快速推进。

斯坦福大学哲学教授约翰•佩里就是一位拖延症患者，在面对自己的这一缺点时，他的第一选择就是接纳。在接纳自己是个拖延症患者的基础上，他变得不再焦虑，而是时刻提醒自己要去做好手头的工作。有时候，即便是自己的拖延症又犯了，导致事情的进展受到了很大的影响，他也不会太苛责自己，而是马上着手去做，因为只要现在开始行动，就会较低限度降低拖延带来的损失。

所以，养成及时行动的“心理势能”，才是我们克服拖延症的关键。

你需要的是完成，而不是完美

因为追求完美而造成的拖延，不但是职场上的大忌，还是人生中的一道沼泽，处处泥泞坎坷，让你丧失各种机会，因为完美在大多数情况下是很难实现的。英国文豪塞缪尔·约翰逊曾经说过：“我们一直推迟我们知道最终无法逃避的事情，这样的行为是一个普遍的人性弱点，它或多或少都盘踞在每个人的心灵之中。”

实际上，在工作和生活上追求完美的人，表面上看起来是在追求最好的结果，可真实情况却是他们总把事情搞得一团糟，他们特别容易陷入纠结之中，最终拖累自己，拖累他人，拖累整个项目和团队，造成巨大的损失。因为人的承受力是有限的，而追求完美会让压力倍增，最后传递到周围环境之中，让大家疲惫不堪，拖延就只能是最后的结果了。因此，我特别推崇在工作和生活中遵守“快速迭代，快速试错”的理念——你需要的是完成，而不是完美，只有完成才能给你带来喜悦，让你以更好的心态和更高的效率做事情。

追求完美，实际上也是标准定位不清晰。工作中，我经常说做的东西一定要目标群体满意，而不是你自己满意。你拿出成果来，至少有一个客户是你的支持者，至少有一个，最多说你的论据不能代表大多数。但有时候一个人都没有，还有你面对大众服务，你也是大众一员，你做出来的东西自己都不用，那不是糊弄人吗？市场的标准是什么？市场的需求标准不是你我的标准。所以，只有放弃自恋式的“完美追求”，才能真正成功，并找到用户真正的需求，而不是你我的需求。

完美主义拖延症常见的情况有两种：

第一种：总是迟迟无法迈出第一步。

他们总是处于“筹备期”，看上去对事情特别热情，他们从一开始就想做到一鸣惊人，可还没有筹备好，竞争对手已经结束战斗了。美国心理学家大卫·伯恩斯曾指出：“行动比想法更能够推动行动。”

第二种：对细节的苛求达到变态的地步。

做好一件事情，做好细节非常重要，但是细节要求的是做好了而不是“极致好”。很多事情过犹不及，过分的苛求细节就会疏于把控整体，导致整体进度变慢。日本著名作家大石哲之在《靠谱》一书中讲道：“与其花时间追求完美，不如快点做，不美观也没关系；我们不要三天做出的 100 分，而要三个小时做的 60 分；与其花时间从一开始以 100 分为目标，不如尽早推进工作得出结果，即便做得粗糙一点儿也可以。”追求完美，从来都不是错误，也是精益求精的体现。但是，如果你将完成与完美的排序搞错了，那可真的就不是精益求精，而是呆板苛刻了。所以，你对于完成与完美的正确排序应该是先完成再完美，而这也是克服拖延心态的基础。

我在给团队做培训的时候，经常会讲到电脑打字的案例。今天我们使用的电脑打字特别快，但是我们在开始打字的时候都会心存疑问：为什么键盘上的字母是这样排列的？怎么不按照字母顺序排列呢？是按照每个字母出现的频率进行排列的吗？答案你一定想不到，是为了“不完美”。在 19 世纪打字机刚刚问世的时候，键盘上的字母是按照顺序进行排列的，因为这样便于敲打输入。但当时的科技水平还不是很发达，刚刚发明出来的打字机还有缺陷，如果打字员的打字速度过快，某些组合按键就会出现卡键的现象。怎么解决打字机卡键的问题呢？一位叫克里斯托夫·拉森·肖尔斯的发明家灵机一动，将常用的几个字母按键设置在不容易够到的相反方向，这样一来打字的速度就被放缓了，这样以降低速度的方式避免了卡键。这一方式推行之后，打字机才开始大规模使用起来。而这一键盘布局方式一直被沿用下来，即我们今天在使用的“QWERTY 键盘布局”。“QWERTY 键盘布局”并不是一个完美的解决方案，其无规律可言的布局设置甚至加大了初学者的学习难度。可是，在“无法使用的规律布局”和“快速推进的无规律布局”之间哪种方式更好，显然是不需要赘言的。很多时候，这就是完美与完成之间需要考量的地方，任何时候完成都比完美更重要。

苛求完美，除了性格因素，还有一个问题就是惧怕失败。做事时总是担心失败，每天就想着怎么把风险降到最低，每天盯得最紧的不是进展而是风险，殊不知最大的风险就是完不成。那怎么摆脱做事情时的“恐输”心理呢？中国传媒大学教授王可越在《创新化生存》一书中给出了解决方案：

反思：不断自我审视，提问，通过自省来调整生活与工作的目标，不偏离正确的方向。

感受：与外部世界持续互动，不固步自封，让我们切切实实地感受时代的发展。

洞察：锁定生活中的关键点，进行极简思考，从而洞察生活中别人发现不了的机会。

创意：再呆板的人都有属于自己的想象力，每天思考一下，让脑子不生锈。

行动：边做边学，快速迭代，想得多不如做得到，完成比完美更重要。

扎克伯格曾说过："产品不是规划出来的，而是演化出来的。"在提笔写关于拖延症的问题之时，我也认真反思了自己这些年走过的每一步。我不看电视，很少参加娱乐活动，但真的不代表我在生活和工作中就没有拖延。仔细想想，克服拖延症的核心因素就是先把事情做完，就没有事情在心里了，就可以愉快地继续推进了。如果小目标不算特别难完成，拖延症是可以解决的。另外，要找到自己的爱好和成就感也会克服拖延症。

有时候我的事情太多，也会有完不成和无法完成的情况，我会挤掉更多的无用会议，推掉一些无用的聚会和社交。很多时候，我会找到一个会议室，开始总结最近的事情，写一个排序，然后马上开始去做更重要的事情。

对于我而言，比较严重的拖延情况来自体检，以前我会拖延一段时间不去做体检。最近两年，我会逼自己把临近事情中最不想做的事情排在前面，尤其是体检、减肥等事情。如果能控制自己直面痛苦的能力，就可以处理大量拖延的问题。

你说，是不是这样呢？

你的拖延可能是“玻璃心后遗症”引起的

在互联网行业打拼这么多年，我见过许多站在行业顶端的权威人士，也见过许多有能力有事业心的年轻人，他们身上比较突出的一个特质就是自律，他们拥有这一特质的原因就是从不玻璃心。人与人之间的智力差异其实很小，真正形成差距的是内心的强大程度。如果你有一颗玻璃心，挨不起批评，经不住风浪，一遇见困难就踌躇不前，怎么可能不拖延呢？

董明珠就曾说：“职场上，最降低工作效率的事，不是刷淘宝，也不是聊微信，而是玻璃心。”在玻璃心这个问题上，我很认可360创始人周鸿祎对年轻人的告诫，他说：“人在年轻的时候应该迟钝一点儿，让自己的心变得粗糙一点儿，能够承受各种痛苦，能够丢掉虚荣的面子，能够凡事不往心里去，这样才能活得更开心，这样才能赢得更多青睐，这样才能走得更稳，走得更远。”

有一次，京剧大师梅兰芳上台表演《杀惜》。作为京剧的领军人物之一，梅兰芳的唱戏功底精湛，表演往往入木三分。梅兰芳一登台，场内观众就齐刷刷地喝彩叫好。可就在这个时候，一位老者却一直对着梅兰芳喊："不对！不好！真的不对！"舞台上正在表演的梅兰芳并没有停下来，而是继续表演。等表演结束了，梅兰芳立刻去寻找老者，找到后虚心向他请教："说吾孬者，吾师也。先生言我不好，必有高见，定请赐教，学生决心亡羊补牢。"老者立即指出："上楼与下楼之台步，按'梨园'规定，应是上七下八，博士为何八上八下？"梅兰芳一听，才知道自己表演出错了，道歉之余还向老者连声称谢。

以梅兰芳在中国京剧界的地位他都能如此谦虚，能够直面自己的失误，真值得我们好好学习。大师之所以是大师，就是因为他们有着常人没有的气度。而那些玻璃心的人，往往在格局气度上就差了一大截。

《反脆弱》这本书中就指出："脆弱的事物不喜欢波动和变化，只喜欢待在安全的环境中。而反脆弱的事物却是越挫越勇，环境越是不确定，他们反而越强大。"恰恰如此，玻璃心的人，很多时候喜欢待在稳定的环境之中。可是，这个世界上真的有一个一直保持稳定的环境吗？在职场上不应该有的就是玻璃心，受不了一点儿委屈，看不得一点儿脸色，听不了一句重话。人在职场，哪有不受委屈的。如果被说一句就觉得天塌了，就赶紧收拾东西回家吧。

一个成年人的标志是什么呢？就是懂得在委曲求全中谋发展，懂得在忍辱负重中砥砺前行。在一个论坛里，一位网友对于玻璃心的理解说得特别好，他说："世上没有一件工作是不辛苦的，没有谁的职场是不委屈的，每个人活在世上，都要承担属于你的那份苦和难。所以，请收起你的玻璃心。"阿里巴巴原首席人力资源官彭蕾公开说过一句话，她说："阿里巴巴招人有四个基本要求，其中有一条就是：人要皮实，不要有玻璃心。领导和同事说几句，你就受不了了，在那里不停抱怨，在那里耍小性子，在那里哭哭啼啼，甚至还要辞职走人，那我们的工作，还推进不推进了？我不喜欢玻璃心员工，容易耽误工作耽误事情。我喜欢皮实的人，喜欢抗打击的人，这样的人才是职业的人，才是能委以重任的人。"

下面这段文字是 2008 年 3 月 19 日 18 点 47 分发在我的日记板上的，我至今依然清晰记得那段日子，在创业艰难的时候，我始终告诫自己要内心强大，不然公司和小伙伴们都会因为我而裹足不前。

"要学习不被影响，很难的。每天的情绪都在变化，跟天气一样，一天阴，一天晴，大部分时间都投入到工作中了，没有自己了，学着找回自己，做别人容易，做自己最难。

想的事情，和做的事情是一样的，但是，在结果没有出来的时候，还会有太多太多变化的因素，和钓鱼有一拼。

但是，还是要学会坚强，学会做自己。不走弯路。

不饿，下班大家走得差不多了，公司冷冷清清的如同我的心。

春天来了，万物复苏，我得赶得上啊。不能停，不允许停。

周而复始，周而复始。

不是一个人在战斗，也不是一个人在奔跑。不希望拽着别人跑，希望大家一起跑。

目前，对我来说，'做有结果的事'，这句话大于一切。"

回过头看，正是这种内心的强大与坚持，让我走过了那段艰难的时光，并在最后将"105数字商城"做到了一个新的高度。

一直以来我挺喜欢日本作家渡边淳一，因为他提出过一个概念——钝感力。他这样解释道：所谓钝感力，就是迟钝的力量，即在人际交往和工作关系中，我们对周遭事务不要过于敏感，麻木和迟钝一点儿会活得更快乐。不知道大家有没有发现一个现象，就是在现实生活中，那些活得大大咧咧、凡事无所谓的人，往往比敏感多疑的人过得更加快乐。为什么呢？提出“钝感力”的渡边淳一说：“不必羡慕那些过得比你精彩快乐的人，他们其实并不比你优秀，只是他们减轻了对他人的高度感受性，从而活在了自己的节奏里。”对于现在年轻的“90后”“00后”而言，要想在职场上做出一番成就来，就必须具备不错的钝感力。

所以，我对年轻人要说的是，人生的目的就是为了获得幸福，如果你的心太敏感，就不妨做个要求自己“不记恨、能坚持、敢直面、懂感恩、不忘形”的人，这样你才能始终让自己的竞争力保持在一个稳定的状态下，做事情果断不磨蹭，更不会因为心态受影响而导致拖延。

这世界上从来没有一个稳定不变化的环境，你唯一能做的就是以稳定的状态去迎接每一天。

缺乏成就感
让你越来越“懒”

嘴上喊着奋斗，身体却不行动，说得那么体面，结果却活得那么敷衍，这不是对自己不负责吗？找到了一份刚够养家糊口的工作，就心满意足地不再向上拓展，这不是对全家人的不负责任吗？买了一些大牌商品，节假日打卡了几次“网红旅游胜地”，发了很多特别有感慨的朋友圈，在老家的城市安了家，你就觉得已经实现了人生的终极梦想吗？其实在工作和生活中，很多年轻人一上来就特别拼命，结果干着干着就开始变得没有激情，干什么都磨磨蹭蹭，好像对生活和工作失去了激情，逐渐开启了混日子生涯。这是为什么呢？很明显就是缺乏成就感。

你的拖延就是因为缺少实实在在的成就，忙忙碌碌式虚度时光，会让你逐渐开始变“懒”，生活中没有太多欲望，工作中没有太多渴求，在二三十岁的大好年华活出了六七十岁的无欲无求，在本该竭尽全力去奋斗的时候却选择了安逸。这样的你，一定是年少之时，你眼里瞧不起的那类人。

米兰·昆德拉在《生命不能承受之轻》中写道：“人永远都无法知道自己该要什么，因为人只能活一次，既不能拿它跟前世相比，也不能在来生加以修正。没有任何方法可以检验哪种抉择是好的，因为不存在任何比较。一切都是马上经历，仅此一次，不能准备。”不能用前世相比今生，不能用来生加以修正，一切都不能准备，就是我们生命中必然无法承受的吗？我想，这并不是完全绝对的。你可以提前做好工作计划，为实现未来的工作成就提供保障；你可以提前设定好预防方案，为实现未来的工作成就增加砝码；你可以在执行的过程中更仔细认真，为实现未来的工作成就多一份助力；当你在工作和生活中被成就感包围的时候，你会发现你的生命具有承受“轻”的弹性，也有承受“重”的能力。成就感，其实就是我们摆脱拖延症的良方妙药。在任何时候，成就感都是自己给自己的，而不是别人赏赐给你的。

上大学的时候我就开始兼职推销员一类的工作，准确来说与现在的“微商”有点儿类似。经过高中三年时期的默默无闻，一进大学我就感觉自己身上特别缺乏成就感。也许，我从骨子里就是一个喜欢被成就感围绕的人。当然，太在意成就感也是有问题的，成就感就像饭菜里的盐，适量吃会为你提供勃勃生机，不足或过量就会损害你的健康。那时候，我和一位同学在沈阳南塔小商品市场开始折腾，将各种受大学生喜欢的东西带回学校宿舍销售。在 20 世纪 90 年代，大家除温饱以外，消费水平开始迅速增长，女生开始慢慢追求美白和化淡妆了，又考虑到同学们的消费能力有限和大家没有太强烈的大牌消费意识，于是我们便开始主要推销美白类的化妆品，结果一款“晒不黑”和一款“灵芝滋润霜”卖得特别火爆，不到一个月的时间就尝到了“数钱数到手抽筋”的感觉。

现在回想起来，大一时期的兼职销售确实给了我很多的成就感，而且这些成就感就像一种正向的引导力量。大三的时候，我又趁着课余时间在沈阳三好街卖电脑、美格显示器，以及 ADI 显示器整机，服务公司的名称为“量子今天”。仅仅一个月的假期，就卖掉整机三台，显示器更是不记得卖了多少台。开学后，总经理一再涨薪要求我留下帮助公司提升业绩。大四的时候，我已经不满足做销售工作了，又跑去给清华人才专科学校的网站做辅助设计，并取得了不错的成绩。

可以说，一直到今天，成就感所带来的正向引导力量在深刻影响着我。成就感带给我最大的感受之一就是精益求精，不断地去释放快乐。成就感会促使你把每一天过得丰盈，尽管会疲惫，但很少会焦虑。现在，从我十多年前的两段日记中，应该能感受到我现在所说的这种感觉：

> 累死我了，眼看 20 点了，今天至少测试了 100 个软件，现在眼睛看什么都带格子和星星了，晚餐还没有吃，公司就我一个人了，也没有看过恐怖片，但是一个人在公司还是有点儿害怕。记住今天，2008 年 2 月 4 日。也是我快过生日的前两天，我大年初一出生，今天收获真大！ 越过年，大家越松懈，这时候，正好是笨鸟追赶的时候，虽然我也不算笨，但是我还是希望过年以后，我比现在懂得多，懂得多，聊得就多，快乐就多，万事就好说。新年了，感谢的人还真多，先是给予我很多帮助的老大，还有就是家人、同事，当然还有那些业务伙伴和可爱的软件作者，有你们，我就幸福，每天晚上想着自己度过了充足的一天，我就非常快乐。按说明天还上班呢，拜年有点儿早，但是，我在这坐了一天了，这软软的椅子把我弄得腰酸背痛的，不抒发一下情感，不行呀。我现在觉得生活要靠自己去寻找完美，寻找快乐。今天，我想对软件作者说的是，销售好的软件和销售不好的软件，在功能上是一样的，在细节上，差别真的很大啊。改天，我会

把我测试的软件单子拉到 blog 里面，给大家看看，如果你发现有你的软件，可以和我探讨，我就像上次开大会记得你的名字一样记得你的软件。在工作上，我是一个比较优秀的人，身边很难有人比我做得多，比我想得多。我每天都能够在我的工作中寻找到踏实感、成就感、快乐感、满足感。而在健康方面，我总是弱势群体，没有成就感，只有可怜、可悲、可恨的感觉。我想，这就是老天爷在制造我的时候给我的烙印吧。今天，忙到现在还没有吃一口饭，胃口都没有了。既然这样了，就积极面对好了。

世界著名心理学家荣格曾说过："小时候，做什么事能让时间过得飞快并让你快乐，这个答案就是你在尘世的追求。"我们总说不忘初心，方得始终，可是你没有得到"始终"的时候，有没有想过你的初心呢？

在成就感这件事上，我特别喜欢《小王子》中的一段话：孩子们坐火车时，只会把鼻子贴在玻璃上，惊喜地看着沿途的风景，而有一天，当你再也不关心这些风景，而只会焦急地关注着目的地时，你就成为一个无聊的大人了。为什么我们会从当初的激情满满到后来的百无聊赖呢？根本原因就是我们走得太远而忘记了为什么出发。你在职场上一开始充满干劲，你想要的成就感可能就是做很多有价值的事情，可是你最后却只将眼光盯在了薪资的多少上；你原本在生活中是一个快乐的人，快乐地做着自己喜欢的事情，当你将所有的快乐建立在房子、车子和很多物质欲望上的时候，你就会发现快乐越来越少，焦虑越来越多。现在你需要做就是坚持初心，让自己活得通透顺遂，逐渐让自己保持一个不错的工作和生活状态，如此才能不会因为成为一个“无聊的大人”而事事拖延。

最后，要给职场上的小伙伴们说的是，你在职场上成就感低，并不都是你的问题。比如，你总会遇见一些管理能力较差的领导，他们很难让你在工作中获得成就感。他们身上常见的错误就是总会告诉下属“这个工作你没有 100 分的把握不要冒险”。

我的一个朋友之前在一家公司做运营，负责一个新项目的用户增长业务。这个项目刚启动的时候就因为融资问题遭遇了一点儿小波折，好在业务模式还不错，遇到的问题最后都解决了。项目运营两个多月后，用户数量和销售规模都上来了。这时候，我那个朋友便向上级建议，在用户增长模型和产品销售模型都被验证可靠的情况下，可以开始做广告投放了，为增长和营收拓展更多的渠道。为此，他连续加班一个礼拜，写了一份翔实的建议方案。结果，他辛辛苦苦写好的方案放在上级办公桌不到一小时，就挨了一顿批评，说方案写得跟刚毕业的实习生水平一样。挨了批评的他一头雾水，根本不知道哪里出问题了。后来，他从一个同事那里知道，上级之所以不接受他的建议还批评他，就是觉得他太冒进了，广告投放花费不小，万一钱花了，效果不尽如人意怎么办？他的上级就想安安稳稳地守住自己手里的一亩三分地，生怕手下人出岔子。

可是最终结果呢？另外一家竞品公司也启动了同样的项目，人家一上来就是“海陆空”全压上，地面推广、自媒体渠道广告投放等全部跟进，不到一年的时间就将我朋友的项目给打解散了。

遇到我朋友的上级这样的管理者，我给你的劝告和我朋友的一样，六个字“良亲择木而栖”。在这样的管理者手下工作，最终你也会成为一个“处处稳妥”却不见长进，能混就混，能磨洋工绝不会主动工作，附带着生活中也经常磨磨蹭蹭的人。毕竟，鲁迅先生曾云：“只看一个人的著作，结果是不大好的，你就得不到多方面的优点。必须如蜜蜂一样，采过许多花，这才能酿出蜜来。倘若叮在一处，所得就非常有限，枯燥了。”

英子的独白

这个世界喜欢强大中带些锋芒的你

在我看来，拖延就像一块神奇的磨刀石，它的神奇之处就在于能够磨灭一个人的棱角、锐气、机敏、锋芒，将其变成一个迟钝、庸碌、面目和精神一片灰白的人。

行笔至此处，我又想起了电影《花木兰》，记得当时看完电影后，我在日记里写道：

有多忙，不想说，不想总和别人分担自己的郁闷。

最近看了《花木兰》，看完后耳边每天都萦绕着“你们怕死吗”这句话。

我非常喜欢花木兰，告诉 James，我就是花木兰，平时他经常批评我，这次他问我为何喜欢花木兰，因为花木兰胸怀宽广、可以把爱放在心中、能打能杀，更主要的是花木兰虽是一个女人，但是她从不会在任何男人面前证明自己是女人，只会证明自己比男人更强；而且，她做事情雷厉风行，一点儿没有小女人的那种拖拖拉拉，真的是一个强大又有锋芒的厉害女人。

我非常喜欢花木兰，花木兰将在我的心中深深地记录到永远！因为花木兰是我追求的目标。

其实，在我的身边也遇到过很多类似于“花木兰”一样的小伙伴。2006 年，我开启了人生中的第一次独立创业。当时我的投资人毛总和他的几个朋友想做一个数字商城，售卖游戏卡等数字产品。刚开始接触这个项目的时候，他们想让我和他们选好的一个男生一起负责。我一看也挺有意思，就同意了。没想到的是，毛总等几个投资人和那个男生谈完以后，决定让我来做这个项目的总负责人。当时我很惊讶，26 岁的我，没有自己创业过，从规划到战略我也是紧张的。那一晚，我想了一夜，人早晚都得有第一次，这也是人生不同阶段要面对的事情。

第二天一早，我就告诉毛总，我愿意全力去拼这个项目。创业伊始，我遇到很多挑战性的问题，遭受了非常巨大的压力，但这些没有压垮我，也让我在面对投资人、员工管理和项目推进时得到了锻炼。直到现在，在我的公司里还有当年的伙伴，他们都是那时候就跟着我的人，有些人是中途很多年“走散了”，后来我们又走在一起了，而且大家的身上都有果敢、真诚、彼此信任、不拖延等优秀的品质。

那时候，有一个叫张丽娟的员工，她是我去联邦软件挖了半年才挖过来的一个优秀女孩。时至今日，我经常还在心里挂念着她，真不知道在以后的哪一天里，我是否可以再次与她并肩作战。

与其他员工相比，张丽娟是一个做事情特别认真的人，而且真的是那种把工作当作自己的事情去做的人。做事高效不拖沓，认真严格有规划，内心强大又有锋芒，所以工作时同事们既尊重她又敬畏她。

在一年的跨年夜，我还裹着毯子坐在电脑前写一个运营合作方案，一个本来应该在下班前写完交给合作方的 PPT。当时已经是凌晨两点多了，我看着自己又一次想推翻重新再写的 PPT 时，不由得想起了她。当年，也是在这样一个深冬的夜里，我和她两个人在安贞附近的办公楼里面写一个对公司至关重要的 PPT，在熬到办公楼快要锁门的时候还差最后几页。没办法，我们约定明天提前到公司接着写完，毕竟这个 PPT 对公司来说太重要，虽然客户给的时间非常紧迫。

回家后，我躺在床上睡不着，因为我思考了一番又否定了我们辛苦写的 PPT 的大半部分。纠结一番后，我还是决定爬起来重写，当我裹着毯子打开电脑登上 QQ 的时候，她的头像也在跳动。那一刻，我觉得特别温暖，那种感觉是别人给我多少金钱都无法衡量的温暖。我对她说了我的想法，她竟然也觉得应该这样改。而且，她说咱们现在就改吧，不能拖到明天早上，一是担心时间紧做不好，二是能够让客户看出我们厉害的一面，这么硬的仗我们两个姑娘就是能啃下来。于是，我们又开始远程协作办公，开始重新梳理这份 PPT。不知道你们能不能感受到我当时的感触，一边在电脑前敲打着文字，一边和自己的好战友一块儿进行着激烈的思路碰撞，房间里特别安静，但内心却一片火热。第二天一大早，我们就拿出了客户非常满意的方案。

后来，因为种种原因，张丽娟离开了我的创业团队，直到现在我也不知道我们是不是还能再做一次同事。不过，人生最美不过相逢，我们已经有过一场特别欢喜的相逢了，还要奢求什么呢?

原来，一个能够和我同苦无甘的人就是这样存在着，我们目前不是同事了。我会珍惜和你的情缘，正因为你在我创业期间对我和公司的帮助，才有了这个公司的存在，我依然会坚强地走下去。

以上是在张丽娟离开后，我在日记里写的关于她的一段文字。今天，在写这本书的时候，我还是想起了她，想起了这些年来从我身边走过并依然还在的像她一样的小伙伴们，是你们一路陪我披荆斩棘，也是你们一路陪我走到今天。张丽娟现在是某房网的高管了，也是两个孩子的妈妈，过着充实又幸福的生活，我们一年也是可以聚一次的，时而在微信上聊聊天。

谢谢你张丽娟，谢谢那些和张丽娟一样的小伙伴们。

余生，咱们还一起向前冲!

2019 年 12 月 写于北京

Chapter 4

不焦虑

你的日子为什么总是忐忑不安

为什么别人的工作是舞台，可以尽情施展才华，而你的工作却是柴米油盐酱醋茶，只为生存挣扎呢？

为什么工作中与你配合默契一同进步的同事，年终奖比你多还比你更早晋升呢？

为什么你明明那么努力，生活中却处处不如意，真的是幸运女神向全世界发红包那天，恰好你的手机关机了吗？

…………

也许，正是因为有了这么多的"为什么"，我们的工作和生活才天天处在焦虑之中，找不到退路，也看不到前路，越来越焦虑，却越来越无能为力。

到底该怎么办呢？答案到底是什么？

你必须接受：我们活在一个焦虑的时代里

你必须接受，我们现在活在一个特别容易焦虑的年代里。当我提笔写到这一篇之际，2020年的夏天已经快来了。进入21世纪之后，全世界还遭遇过有比2020年更难更令人焦虑的一年吗？是SARS横行的2003年，还是全球金融危机的2008年？仔细想想，从20世纪90年代末，中国人就逐渐进入了一个“全民焦虑”的时代。我印象中各个时期的焦虑都特别有画面感：

20世纪90年代末的时候，大家的焦虑源于电影里常见但街头不常见的大哥大电话；21世纪的第一个五年时期，大家的焦虑源于胡同里停了好几辆夏利和富康了，但自己家的摩托车还没有看到退役的迹象；21世纪的第二个五年时期，房子、车子、资产配置等逐渐成了大多数人焦虑的根源；21 世纪的第三个五年时期，在房子、车子、资产配置的基础上还增加了教育、生育等焦虑性因素；21 世纪的第四个五年时期，在房子、车子、资产配置、教育、生育的基础上，之前觉得还可以的养育老人问题又加剧了我们的焦虑感。而“新冠肺炎疫情”席卷全球的 2020 年，更是令无数人的焦虑成几何倍数增长，因为在“新冠肺炎疫情”之下还夹杂着失业、收入减少等困难因素。另外，据世界卫生组织统计，全球有近 10 亿人存在精神障碍，每 40 秒就有一人自杀身亡。这个数据是非常夸张且惊人的，但却又是事实。全球不过 70 多亿人，如今有将近 10 亿人饱受精神疾病困扰，这相当于每 7 个人里就有 1 个。

根据邓明昱博士报告的《美国心理咨询与心理治疗的现状及发展趋势》，每年约有 8000 万美国人求助于门诊的心理咨询或心理治疗，每 3 个美国人当中就有 1 个接受了心理咨询或心理治疗，每 500 个美国人当中就会有 1 个心理咨询专业人员。在美国，有 30% 的人会定期看心理医生，甚至从 1972 年开始，美国政府在白宫特别设立“总统心理健康委员会”，专门为总统提供心理咨询。而在中国，仅抑郁症人群就有 3000 万人，中国人的焦虑障碍患病率更是达到了 4.98%。但在我们这样的泱泱大国，精神科执业医师不足 3 万人，持证的心理治疗师仅有

5000 余人，且主要在医院工作。虽然目前我国持证的心理咨询师也有 100 多万人，但是调查显示，无论专业水平如何，其中真正从事心理咨询的人员不足 1/10。所以，我将这些罗列出来的目的就是让你觉得未来已经打开了困难模式，只会越来越难、越来越焦虑吗？不是，已经难到这份上了，你还有什么好焦虑的呢？

我们生活在一个焦虑的时代，可仅仅是我们这一代人吗？生活在石器时代的蓝田人可能因为四处出没的野兽、食物与水中的未知病菌而焦虑，生活在 12 世纪前期的北宋人也可能随着风雨飘摇的北宋王朝而焦虑自己的未来，生活在 20 世纪 80 年代的父辈们也在那个改革风起云涌的大时代为选择什么样的人生焦虑过……所以，每一代人都有每一代人的焦虑，而焦虑也并不是我们这一代人的“专利”。因此，你必须接受。

丽贝卡今年 38 岁，她有两个还在上学的女儿。自打五年前晋升为店铺经理之后，她开始经常失眠，忧心忡忡。她担心自己的工作效率、大女儿的校园生活、小女儿的人身安全，还担心父母会责怪她没有常回家看看，担心丈夫会被炒鱿鱼，担心家中的积蓄将会所剩无几……丽贝卡一直为未来之事担惊受怕，近几年，

> 她的情况越来越糟，那些挥之不去的忧虑在她心中肆无忌惮地游荡，几乎令她无法忍受。除了夜不能寐让她变得极度疲惫，她还越来越紧张，难以放松，变得脆弱、烦躁、易怒、反复无常，常常为一件小事大发脾气。很多时候，她会毫无征兆地陷入崩溃，毫无理由地号啕大哭。她试过极力控制自己的情绪，也试过分散注意力来让自己镇定下来，但这种持续不断的担心始终困扰着她，把她推向崩溃和疯狂的边缘。虽然她也常常安慰自己："没有过不去的坎，一切都会好起来。"但是在她的脑海中，似乎总有一个恶魔般的声音在回响："你的生活终将土崩瓦解。"

这个案例是美国著名心理学家亚伦·T. 贝克博士和加拿大新布朗斯维克大学的心理学教授大卫·A. 克拉克博士在合著的《这样想，你才不焦虑》一书中讲到的，看看是不是和你现在的情况很像呢？他们还在这本书中指出：

> "每个人都会感到焦虑和恐惧，当你在大街上遇到一个鬼鬼祟祟的陌生人时，你会心存戒备；当你面临一场重大考试时，你会坐立不安；当你在医院做完体检，结果还没出来时，你会胡乱猜测，忐忑不定。焦

虑和恐惧常伴我们左右，没有任何危险和风险的世界，是难以想象的。一点儿也不焦虑和恐惧的人，是根本不存在的。焦虑和恐惧能够警示我们即将面临的危险，它们是生活不可或缺的一部分。一个在湿滑路面上行车的司机，势必会小心翼翼；一个正准备重要会议的年轻白领，势必会紧张担心；一个决定去陌生地方旅行的人，势必要做好预防措施。在生活的薄冰上前行，常需一颗警醒的心，才能防患于未然。事实就是如此，我们的生活需要恐惧和焦虑。”

“人们在不同的年龄、环境下，会产生不同的焦虑，没有哪个人会和焦虑彻底无缘。但所有焦虑，归根结底又都是一致的，都是我们对于未来的担心、忧虑、紧张和恐惧。我们是不会对已经发生过的事感到焦虑的，只会感到遗憾、后悔或者羞愧。作为基本的情绪反应，焦虑就像吃饭、睡觉一样平常，也是必不可少的。它提醒我们对身边的危险保持警惕，对重要的事情做好准备。如果没有焦虑，当危险悄悄逼近时，我们却依然懵懂着，后果将不堪设想。这也正是我们常说的‘生于忧患，死于安乐’。”

看完上面这两段文字，我们更能得出这样的结论：我们的焦虑并不是这个时代强加于我们的，而是我们对于未来的不确定才会焦虑。当你发现你对未来没有把控能力之时，无法防患于未然，焦虑自然一路如影随形。总之一句话，你除了接受焦虑，没有第二个选择。

既然只能接受焦虑，那怎么化被动为主动呢？我想到的答案是：拓展自己的认知边界，让自己有足够的信息储备去面对未来。

有句古话讲得特别好，“有钱难买早知道”，而当你的认知边界拓展之后，你的信息储备就会更丰富，你与这个社会的信息差就会减小，从而保证你会获得足够多的社会资源，最终拥有条件给自己创造一个更好的未来。

当我们将问题想象到如何拓展自己的认知边界的时候，就会发现现在的自己应该没有刚才那么焦虑了。想要拓展自己的认知边界，我总结的方法有以下几个：

A．必须多读好书，而且是越多越好。

读书是一个什么行为呢？其实和吃饭、喝水一样，是一个输入性行为，而书里面的知识也都是信息，你读书比别人多，你的信息储备就比别人更丰富，那么你和别人之间就会形成信息差，就会在竞争上占据优势。说到这里，可能有人会说，读书也不见得能改变命运。“读书改变命运”这句话其实只说对了一半，毕竟这个世界上有无数人读了一辈子书也未能改变命运。可不读书真的很难改变命运。

B．让信息形成体系。

很多人读了一辈子书，依然没有过好这一生。根源出在哪里呢？他们把自己活成了一个“人体硬盘”，只是不停地输入，却没有总结归类，你把字典一字不差地装进大脑却没有利用，那这本字典在你的人生里永远就是一本字典的价值。大量的堆积信息而形不成体系，就无法相互促进、相互影响，不会给你的生活带来太多的指导与启示。有时候，还会起到反效果，越读书越焦虑。

C．改变我们的思维方式。

思维方式是主体从外界获得信息，加工信息，从而形成新信息的途径和方法。个人的信息体系与思维方式是相辅相成的，你的信息体系不丰富，思维方式就会存在很多漏洞，而你的思维方式不与时俱进就会导致信息体系的建设进度放缓。所以，在建立自己的信息体系之后，你要做的事情就是及时优化自己的思维方式，这样才会让你在工作和生活中总是“心里有谱、手中有尺”，一步一步丈量清楚自己的未来。

D．乐天知命，做一个快乐的人。

德国哲学家康德说：“有两种东西，我对它们的思考越是深沉和持久，他们在我心灵中唤起的赞叹和敬畏就会越来越历久弥新，一是我们头顶浩瀚灿烂的星空，一是我们心中崇高的道德法则。”事实上，我们很多时候的焦虑都是来自对自己不清晰的认知，当你不再强迫自己去做做不到的事情时，你就会敬畏内心、敬畏人生并且因此而快乐，真正远离焦虑。

E．有效社交真的不可或缺。

在工作和生活中，我一直都是一个阳光开朗的人，同事、商业伙伴和朋友们也都挺喜欢跟我打交道的。而在与他们的交往中，我收获最大的不仅仅是成功和友谊，最大的收益之一就是拓展了我的思维边界——“三人行必有我师”。上学的时候我以为能学到知识和高尚品质，现在我才知道，还应该加上思维边界，因为他们改变了你的思考方式，甚至给了你更好的做事方法，以及让你知道如何更好地丰富你的信息体系。当然，这些都建立在有效社交的基础上，酒肉式的交际往往没什么用处，因为都是无效社交。

我们都是
“急性焦虑症”患者

“摩拜创始人套现15亿的背后：此刻你的同龄人正在抛弃你！”

“寒门再难出贵子！底层之痛！一篇引起千万人共鸣的好文。”

“3岁乞讨，22岁拿影后，60岁仍未婚，她活出了别人的两辈子，你知道这其中的艰辛吗？”

…………

每天不用打开资讯类App就能收到这类推送，这类推送是不是经常看到呢？手机还没有看两分钟，内心深处就已经开始感受到焦虑的小火苗正在一点儿一点儿地燎原，最终的结果就是“翻看两分钟，焦虑一小时”。

毫无疑问，当前的我们就生活在一个人心浮躁的社会环境之中，简单的快乐早已经成了奢侈品，而我们内心深处的焦虑也变成了商家逐利的工具。我在参加一些同行业的聚会时，总会听见一些行业精英用洋洋得意的口吻在台上口若悬河，剖析讲解他们是如何“制造焦虑”并成功贩卖的。尤其是在讲到一些“爆炸性数据”的时候，台下都会响起雷般的掌声，不附和者寥寥。

每在这个时候我都会想：真的是这个行业甚至社会已经病入膏肓了吗？不是的，市场基本上都是源于需求，有人贩卖焦虑能搞出很大动静来，那首先说明市场上真的有足够多的人很焦虑。

写到这里，我又想问一个问题：你听说过“急性焦虑症”吗？没听过也没有关系。随手一查，你就会看到解释：急性焦虑症，又称惊恐障碍、恐慌症，它有突如其来和反复出现的莫名恐慌和忧郁不安的特点，每次发作持续几分钟到数十分钟，发作呈自限性。该病发作时，病人突然觉得心慌、气急、有窒息感，有人感觉就要死了、有人感觉这关过不去就会疯了、一时间浑身出汗、四肢无力甚至动弹不得。其实都未必会死，患者往往有很强的求医欲，但往往是去内科急诊或心血管科看病。在一个典型个案中，有人花费 40 万反复做各种检查都未能得到确诊。急性焦虑症不但严重危害身心健康，而且伴随着焦虑会出现注意力无法集中、精力减退，思维混乱、理不出头绪、静不下心等，工作效率明显下降。严重的还可能出现身体不适，例如手脚出汗、胸闷等。

看着这一大段的病症解释，你可能觉得莫名其妙，为什么我要写“急性焦虑症”，这不应该是医生或科普作家要做的事情吗？先不着急，等你看了下面这个案例，再确定是不是莫名其妙。

托德是一名刚刚毕业的大学生，他在销售领域找到了一份理想的工作，并搬到了一座新城市。最初一切看起来都很不错，第一次有了自己的公寓，也交了朋友，还有温柔体贴的恋人，工作也令人满意，并且获得了优异的绩效评估，新生活非常美好。但好景不长，随着工作的深入，托德的压力越来越大。为了完成一个大客户的项目，他常常需要加班到深夜，以至于第二天不得不去健身房舒缓压力。就在某年十一月寒冷的一天，一切都发生了变化。在驾车回家的路上，托德的头脑中突然冒出一些奇怪的想法，紧接着，他开始感到胸闷气短，心跳加快，头重脚轻，脑袋晕晕乎乎的，好像马上就要昏死过去一样……他赶紧把车停到路边，熄火，双手紧紧握住方向盘。此时，他觉得越发紧张，身子开始颤抖，呼吸开始急促，浑身燥热，快要窒息。托德立刻意识到自己可能是心脏病发作，就像三年前他的叔叔那样。过了几分钟后，症状稍稍有所缓解，托德赶紧开车去了急诊室。在经过一系列彻底的检查之后，体检报告显示，托德的身体非常健康。主治医生认为托德的症状是急性焦虑症（又称惊恐障碍、恐慌症），给他开了药，并且建议他去看心理医生。

现在，距离托德第一次发病已经过去九个月了。他的生活发生了天翻地覆的变化。急性焦虑症频繁发作，令他十分担忧自己的健康，他减少了社交活动，很少与人来往。由于担心自己会发病，他害怕拓展自己的活动范围，只将自己限制在工作场所、女朋友家中和自己的家中。他对生活丧失了激情，再也不像从前那样敢于尝试新事物了。托德目前正被恐惧蚕食着，他的生存空间正变得越来越狭窄。

看完《这样想，你才不焦虑》一书中讲到的托德的案例，你是不是觉得自己某些时候跟他一样焦虑，甚至也会出现他身上具有的一些症状。其实这个时候你也不用惊慌，因为有一些类似的症状并不代表百分百确诊，而且也没有到山穷水尽的地步，我们完全有方法去面对。

用什么样的方法去面对呢？你必须掌握自我调节的技巧。我年轻时面对重大考试和创业过程中的各种困难，一样会焦虑。即便是现在，遇到一些棘手的问题我也会被焦虑感深深地包围。但是，焦虑归焦虑，我不会让自己在焦虑中惊慌，而是会静下心来让自己去调节——调整自我，你的视野会更开阔，能够沉下心来去分析利弊，而不是一味地在困难面前倾泻自己的颓丧。

刚才外面狂风暴雨。风吹在15楼的窗户缝上，呜呜地响着，真难过。

今天，我突然想起了焦裕禄，风沙、水涝、盐碱等“三害”困扰兰考地区，焦裕禄受上级委派，来到这里担任县委书记。为了根治“三害”，尽快帮助群众脱贫，焦裕禄到兰考后马上深入调查，制订治理方案。救灾物资运到兰考，焦裕禄主动率领县委干部去火车站卸货、发货，县委副书记、县长吴荣先对本应完成的工作坐视不管，还对焦裕禄带头工作感到不满。县园艺场老场长被活活累死，焦裕禄很受震动，决定为基层干部增加口粮配给，但有人却在吴荣先的指使下向地委告状。上级前来了解情况，几百名群众堵住会议室大门，为焦裕禄鸣冤叫屈。不久，兰考又遇特大水灾，焦裕禄强忍肝痛，冲在抢险救灾第一线。但因长期操劳过度，焦裕禄的肝病持续恶化，于1964年5月14日晨病逝。他的遗体被安葬在了黄河故道的沙丘上，近10万群众自发为他送葬，以表达对这位好书记的敬爱、怀念之情。

我记得看这个片子的时候，是中学学校组织的，时过境迁，我现在开始理解了。

看这个片子的那天，我觉得我不能理解这个人，过去十年了，我终于理解了。

其实就是在下大雨那一瞬间，他需要的是成就感。他可以为了工作，为了别人，放弃自己的身体，放弃自己的亲情，甚至放弃更多。

当今社会有这样的人，这样的人我身边也有，他们乐观、向上，而且特别有激情，因为他们总是精神头旺盛，快乐，像团火一样。

晚上很担心客服搬家后会睡不好，吃不好，小女孩在北京发展很不容易，可是后来一想，其实，谁没有难过，我难的时候比他们难多了，所以，我相信他们会更加勇敢，只有磨难，才能让人学会珍惜，珍惜一切。

…………

> 作为一个人，如果没有责任心，没有对身边人的热情，没有想法，没有目标，没有精神极限，那么，我觉得就白来这个世界了。我期望我的同事们能够明白调整自我的重要性。

以上内容是我日记中的一篇，里面有面对困难时的痛苦与迷茫，但更多的是一种放下焦虑的释然，以及自我调整后的元气满满。

自我调整，需要做好以下几点：

A．多想想自己出彩时候的样子。

这个世界上从来不缺乏乐观的人，但是乐观的心态从来不是我们与生俱来的“生理优势”，而是在后天的日积月累中形成的。当我们在挫折面前感到焦虑时，不妨想想自己出彩时候的样子，回忆一下曾经所经历的辉煌时刻，过往的辉煌就是我们生命中最亮的那座灯塔，总能为我们驱散前路的黑暗迷雾，让我们重树信心，勇往直前。

B．不争强好胜，让同伴与你一起去扛。

很多时候，我们之所以会将自己逼入焦虑的死角，完全是因为我们太过争强好胜，太想让自己成为大英雄，想救苦救难，只手逆风翻盘。但人类能够穿越万年发展到今天这样一个科技文明发达的时代，靠的绝对不是那些大英雄，而是我们的万众一心和众志成城。同样的道理，你所在的家庭，你所在的职场，能够走到今天绝不是仅仅依靠你一个人，而是每个人都团结付出的结果。因此，当我们感到焦虑无助的时候，不妨选择相信同伴，努力地去跟大家配合好，齐心协力一起去扛。有句话说得好，“赢了一起狂，输了一起扛”，这不就是我们应该努力实现的场面吗？

C．摒弃“灾难性思维”。

遇到困难挫折就陷入焦虑和迷茫中无法自拔，很大的一个原因就是“灾难性思维”在作祟。“灾难性思维”可怕的不是给我们带来焦虑和迷茫，而是将我们在面对挫折时的抵触感无限放大，最终让我们直接放弃。所以，摒弃“灾难性思维”也是我们做好自我调整的一个关键点。

D．所有的对的坚持都不会是无用功。

看过这样一个故事：深夜昏黄的灯光下，一个姑娘独自在空荡荡的办公室里加班，赶一份老板急需的重要 PPT。就在小姑娘长舒一口气并伸了个懒腰，准备按下保存键的时候，眼前的电脑突然蓝屏了。这一刻，小姑娘面如死灰，辛辛苦苦熬了半宿，所有的努力都打了水漂。眼泪已经开始在她的眼眶中打转，她的脑海里开始出现辞职的讯号。作为一名实习生，自己这么大的失误，怎么向公司交差呢？可是，她的脑海中又响起了另外一个声音，“坚持下去，再坚持下去”。几分钟后，小女孩擦干眼泪，打开文档重新制作 PPT。就在这个时候，她的手机屏幕亮了，是老板发来的短信，打开一看，写着“客户推迟合作日程，PPT 等客户确定后再做。另外，你可以转正了”。坚持往往与好运并存。当我们感到焦虑、困惑的时候，就应该审视自己的做法和方向是不是有问题，如果没有问题，那么就调整心态继续坚持下去。

E．不要埋怨，不要“互相甩锅”。

一件事情没做好，原因一定有很多，但面对结果不去及时改正却“相互甩锅”，那么几乎就不会有挽回的余地。面对这个问题，我们在调整心态时一定要明白大家都是“焦虑症”患者，所以谁也不用嘲笑谁。

平常心是你击败焦虑的有力武器

我给你瘦落的街道，
绝望的落日，
荒郊的月亮，
我给你一个久久地望着孤月的人的悲哀。

我给你我已死去的祖辈，
后人们用大理石祭奠的先魂；
我父亲的父亲，
阵亡于布宜诺斯艾利斯的边境，
两颗子弹射穿了他的胸膛，

死的时候蓄着胡子，

尸体被士兵们用牛皮裹起；

我母亲的祖父，

那年才二十四岁，

在秘鲁率领三百人冲锋，

如今都成了消失的马背上的亡魂。

我给你我的书中所能蕴含的一切悟力，

以及我生活中所能有的男子气概和幽默，

我给你一个从未有过信仰的人的忠诚；

我给你我设法保全的我自己的核心，

不营字造句，不和梦交易，

不被时间、欢乐和逆境触动的核心；

我给你早在你出生前多年的一个傍晚看到的一朵黄玫瑰的记忆，

我给你关于你生命的诠释，

关于你自己的理论，

你的真实而惊人的存在；

我给你我的寂寞，

我的黑暗，

我心的饥渴，

我试图用困惑、危险、失败来打动你。

很喜欢博尔赫斯的这首名为《我用什么才能留住你》的诗，因为我总是在这首诗里读到可贵的平常心。有人说，这首诗细腻又波澜壮阔，带着历史的风尘，夹杂着赤诚热烈的感情，唯独看不见平常心的影子。可是你听，马背上亡魂呼啸而过的声音，黑暗寂寞里穿越数百年遗迹的家族荣光，都在美丽的感情下凝聚成为一颗平常的爱慕之心，甘愿祭献出一切的勇敢与真实，这不就是平凡而真挚的悸动吗？

写到这里，我又想起了一个年轻导演的故事：

从 2013 年的春天到 2016 年的春天，摄影师陆庆屹用普通的镜头记录下了自己家庭在四个春天里的点点滴滴，在自学电影知识的基础上将这些素材剪辑出了一部轰动一时的电影——《四个春天》。

毫无疑问，这是一部很温暖的电影。镜头下的平凡生活在春来春去中显露出的是温润的平常心，每个人都能在镜头前找到自己的共鸣点，我们看着看着就笑了，笑着笑着又哭了，生活的本身就像春天一样美好，可是依然时不时有很多糟糕的情况出现，但再多的糟糕情况也在平常心面前被击得粉碎。

电影中的男女主角是陆庆屹的父母，一对携手走过半个多世纪的夫妻。作为“文青”的父亲是家里最显眼的“轮廓”，让这个家有了一种气质，而烧的一手地道美味的农家菜的母亲，则是这个家里的烟火气，让这个家恬淡、温暖。

然而，就是这样一个平淡又幸福的家庭，却因为姐姐的过世发生了一百八十度的大转弯，白发人送黑发人的悲怆让人泪崩，一个那么幸福的家庭一夜之间陷入黑暗深渊之中。银幕前的我们，肯定会觉得这家人将很难走出痛苦的阴影。可是，他们却一点儿一点儿地掀开了悲伤凝聚的壳，打开了大门，走了出去，在豁达的人生态度中，一点儿一点儿地恢复了往日生活的光芒。认真生活，平常处之，你的岁月便拥有了抵御痛苦和不幸侵袭的盔甲。

我们在焦虑的侵袭面前总是丢盔弃甲、一败涂地，很大的原因就是我们缺少一颗平常心。

而平常心到底是什么呢？我理解的平常心是一种降压能力

或一种调整机制，它在我们的承受力触达阈值的时候帮我们降压和调整。

中国古代的哲学家王守仁在《王阳明全集》中讲过这样一个故事：

先生游南镇，一友指岩中花树，问曰："天下无心外之物，如此花树在深山中自开自落，于我心亦何关？"

先生回答说："你未看此花时，此花与汝心同归于寂；你来看此花时，则此花颜色一时明白起来，便知此花不在你的心外。"

鲜花盛开在那里，我去看它的时候，它就在那里，我不去看它的时候，它还在那里。怎么跟我来不来有关系呢？换一种解释，你可能就明白了，职场上你跟上司闹矛盾了，然后你时刻留意着上司对你的态度，最后你感觉他处处都在针对你。再过了几天，你觉得他针对你的事情越来越多了，处处找事儿，时时给你穿小鞋。你去向同事倾诉，结果人家很惊讶，明明上司每天针对的都是他呀，怎么会变成你呢？是上司针对你和你的同事了吗？可能都没有，而是你们都把注意力集中在了上司身上，你越是在乎上司对你的看法，你才会越觉得上司在针对你。

一切的焦虑，很可能都是你的过度关注引起的，时常保持一颗平常心就能驱散心头的焦虑。也正是因为拥有了平常心，我们不光会懂得平凡的可贵，还会懂得平等与平静。当你以平常心看世界的时候，这个世界就是和谐的，生命也因此是圆融的；反之，你眼里的世界一定是杂乱的，生命也是分裂的。因此，我对平常心的定义是：平常心是一种高级的生命形态，在平淡中见妙趣，在真实中显荣耀。

一个欧洲的国王带着一位波斯的朋友去出海。那个从来没有见过大海的波斯朋友一上船就哭哭啼啼，一遇见大浪就颤抖不已。国王被朋友扰得很烦心，便让人去安慰他。可是，一点儿效果都没有。

正在国王发愁之际，船上的哲学家说道："尊敬的国王陛下，我有办法让他安静下来。"国王一听大喜，赶紧问是什么办法，哲学家回答："把他直接扔进水里再捞上来就好了。"国王听后疑惑不解，这么做岂不把他吓死了。哲学家没有回答，而是指挥侍卫们抬起那位波斯朋友就扔进了大海里。

这位波斯人在水中挣扎了几下后被救上了船。奇怪的是，此后的几天里，那位波斯人再也不哭哭啼啼了，而且敢走到甲板上四处看看了。国王问哲学家："你的这个方法挺管用，但我就是想不出来为什么，什么原因呢？"哲学家回答道："一个只有经历了痛苦与恐惧，才会知道安乐的价值。既然我们已经来到海上，也有可能葬身于茫茫的大海，您又不打算一时半会儿就回去，为什么不顺其自然地去接受呢？"

我还听过这样一个佛家故事，有个修行者问慧海禅师："禅师，您觉得自己身上独特的地方是什么吗？"慧海禅师回答："感觉饿的时候我就吃饭，感觉累的时候我就睡觉。这应该算是我身上独特的地方了。""这算什么独特的地方呢？每个人不都是这样吗？"修行者一脸不惑地问道。"很多人吃饭的时候想着别的事，往往没心思吃饭，而到该睡觉的时候却迟迟无法入眠，好不容易睡着了还不停做梦，睡不安稳。而我呢？吃饭的时候就专心致志地吃饭，睡觉的时候就安心睡觉，从不做梦。吃得香睡得好，这就是我独特的地方。"听了慧海禅师的话，修行者脸上的不惑开始渐渐散去，他好像明白了什么。慧海禅师又接着说道："世人很难做到一心一用，他们在利害得失中穿梭，囿于浮华的宠辱，产生了'种种思量'和'千般妄想'。他们在生命的表层停留不前，这是他们生命中的障碍，他们因此而迷失了自己，丧失了'平常心'。要知道，只有将心灵融入世界，用心去感受生命，才能找到生命的真谛。”

杨绛曾说：“我们曾如此渴望命运的波澜，到最后才发现：人生最曼妙的风景，竟是内心的淡定与从容。我们曾如此期盼外界的认可，到最后才知道：世界是自己的，与他人毫无关系。”事实上，我们对于恐惧产生的焦虑，其实可能是不必要的。如果你无法解决未知的恐惧，那就保持一颗顺其自然的平常心，让自己活得从容一些，以更好的状态去迎接未来的挑战。

谈了这么久，你也许很好奇，我的平常心是什么？我想，我的平常心应该是这样的一段写在我日记本里的美丽期许：

> 我需要一个院子，不用太大，可以养一条拉布拉多，养一头宠物猪，再养几只鹦鹉，有茂密的葡萄架，有向日葵，有黄瓜架，有豆角，有西葫芦，有花生。还有香椿树，长得高高的。
>
> 朋友说他的梦想就是看是在几环以内了（房子）。我想，我在五环左右就行了。
>
> 最好邻居就是我的朋友们，我可以和他们一起煮肉、喝酒，晚上的时候躺在摇椅上，盖上毯子，看着星星入睡。

有人说生活不管是坐看云起，还是乱云飞渡，我们都需要一颗安静的心，一份淡然的超越。人生，不慌不忙，万物莫不自得；有时候，并不是生活给我们痛苦，而是我们从未学会从容面对。人生，走得不慌不忙，自有力量。

你想，真正的平常心，不就是这样的吗？

致焦虑的你：必须在焦虑中成长

武侠小说里说“有人的地方，就一定有江湖”。现实生活却说“有人的地方，就一定有焦虑”。我们不能摆脱焦虑，男人有男人的焦虑，女人有女人的焦虑，老板有老板的焦虑，员工有员工的焦虑……有一句话就说得入木三分，“老天爷给了你一个缺席的父亲，就会赠送给你一个焦虑的母亲，最终就会养育出一个失控的孩子。”焦虑严重起来，就会产生连锁反应。而且我们都不能幸免，那为什么不能在焦虑中成长呢？

鲁迅先生在《记念刘和珍君》中讲道：“不在沉默中爆发，就在沉默中灭亡。”同样的道理，面对焦虑我们唯一的宿命就是“不在焦虑中成长，就在焦虑中灭亡。”2018年初，唐山市政府宣布取消了周边所有路桥收费站。消息一公布，马上传来了一片称赞声，都说这是一件利民惠民的好事情。可是，随后却遭到了收费站工作人员的强烈反对，因为撤销收费站对他们而言意味着失去工作。当时网上传出的视频里面，一位大姐振振有词地说："我今年 36 岁了，我的青春都交给收费站了，我现在啥也不会，也没人喜欢我们，我也学不了什么东西了。"很多网友纷纷表示"怒其不争，哀其不幸"。

我看到这个视频的时候，内心升腾起的却是一股子悲凉，不是因为大姐们的不懂事，而是我身边也有很多这样的同事和朋友。他们到了四十不惑的年纪，依旧做着简单的重复执行工作，但就是不考虑自己的未来，或者知道未来已经险恶重重，却还是像鸵鸟一样把头伸进沙子里，装作什么都看不见。

不管是普通人，还是行业精英，在职场中必须有清晰的判定，你的工作价值处在职场链的什么位置。不然，随着年龄导致的"薪资性价比"逐渐成为职场上越来越大的劣势时，你会越来越焦虑，这种焦虑还会持续放大，你赢不了它，必然会被职场淘汰。要清晰判定自己的工作价值处在职场链的什么位置，你必须明白自己现在从事的是什么类型的工作。

对于工作，我按照工作内容将其一分为二，一类是劳力型，一类是劳心型。两者的区别大家看字面意思也能理解。劳力型多是简单重复并且琐碎的工作，比如评测、客服和审核等。劳心型则需要主动思考，往往每件事都没有前例可循，只能依靠自己的经验和逻辑解决问题。一个人过了 30 岁，如果自己的工作内容依旧劳力型的比重过大，则需要警醒了。因为只要流程和规则标准化，随便找个刚毕业的大学生就可以干好，为什么还需要你呢？如果你从事这类岗位，那怎么能更进一步呢？我的意见是要自我驱动，不仅把自己当作执行人，还要当作领导或当作项目的负责人。我举个例子，如果你经常帮领导做数据整理，那么你不仅要考虑怎么完成领导的要求，还要考虑如何优化数据的展现形式，然后积极和领导沟通，搞清楚领导看这些数据的目的，最后在理解整个项目的意义后主动优化数据，把领导没想出来的做出来。很可惜大多数人都停留在第一阶段，就是领导让干什么就干什么，丝毫没有任何自己的思想，不能掌握整个项目的节奏，最后的结果肯定是领导不满意，自己也得不到提升。

什么是劳心型呢？我也细分两类，一类是经验型，一类是方法型。任何一个从事销售或者商务两年以上的人很容易成为经验型人才，这类人很容易跳槽。

过去打交道的客户也许早已高升，30 岁以后的你也不好意思再去求着对方公司市场部的新人要预算，更何况跟劳力型一样，一个大学生培养一年基本也弄明白怎么回事了。方法型则没有这种问题，行业经验只占一小部分，方法型懂得怎么利用自己的一套方法解决问题。我见过的典型案例就是原来工作中带我的师傅，他从传统行业跳槽到互联网企业，只用了一个季度就把业务理得清清楚楚，完全不像一个刚入互联网的“菜鸟”。

我 30 岁时也处在经验型到方法型的转变过程中，那个过程比较痛苦，因为必须要强迫自己摆脱一些路径依赖，用更专业的眼光分析问题，凡事不仅要知其然，还要知其所以然。这么说可能有点儿抽象，举个例子，过去老板问我对网吧是否了解，经验型的我可以说认识什么样的人，他们大概是什么情况，现在就要站在全局去看这个市场，去分析竞争对手，研究自己在这个市场的优势和劣势，然后拿出切实可行的方案，而不是像过去一样直接单枪匹马地找对方。

最后再强调一点，无论是劳力还是劳心，都要有一个阳光心态，要时刻记住打工不是公司占便宜自己吃亏，而是公司在花钱帮你成长，如果你是能充分理解这一点的职场人，恭喜你，你离晋升已经不远了。而且，在 30 岁后的“中年危机”焦虑来临之际，你已经足够强大，拥有了抵御危机的资本。

罗兰说：“成功的意义应该是在发挥了自己的所长，尽了自己的努力之后，所感到的一种无愧于心的收获之乐，而不是为了虚荣心或金钱。”很多时候，我们无法在焦虑中成长，恶劣的生活环境也要占很大一部分原因。比如，我们经常可以在朋友圈或自媒体上看到这样风格的文字："现在的"80后"，要么在北上广的写字楼里，刚刚成为一个总监，小腹上长出赘肉，每月因为房贷不敢辞职；要么在三四线城市里，过着平淡却一眼可以看到未来的日子……"努力工作挣钱养家还房贷，怎么和不敢辞职挂上了钩？不工作天天出去游山玩水喝西北风吗？三四线城市里的平淡日子不就是这个世界上大多数人的生活状态吗？不也是每个平凡人所向往的烟火人间吗？我们每天面对这样一种价值观，怎么能不被焦虑击败，成为焦虑的俘虏呢？

（1）认清楚工作的意义和价值。工作的意义不仅仅是完成业绩，更是有价值的行为。如果你仅仅将工作看成谋生的方式，只是机械式付出，那么你不会在工作中感到快乐，也实现不了太多的价值。倘若你把工作看成自己的事业，并愿意为之不断奋斗，那么你收获的除了业绩还有成就，以及尊重。

（2）工作是成就未来的阶梯。我一直很推崇这样一句话：出色的工作从来都是由出色的人完成的。而当你是一个出色的人时，你的未来能不出彩吗？

（3）你必须知道工作是解决内心冲突的一种途径。我们的焦虑感来自哪里？源自内心的冲突。有人问弗洛伊德："你觉得心理健康的标准是什么？"他的回答是："爱和工作。"弗洛伊德在《文明及其缺憾》一文中阐释道："工作有价值，是因为工作和与工作相连的人类关系所提供的机会，大量地排放了力比多的部分冲动（自恋的、攻击性甚至爱欲的冲动）……当维持生计的日常工作可以经过自由选择的时候，就是说，通过升华作用，可以利用存在的倾向和保存其力量的本能，或者因为结构上的原因而有比平常更强烈的本能冲动的时候，工作就提供了特别的满足。”

所以，当你树立了正确的价值观之后，生活环境中存在的焦虑自然会悄然而退。面对焦虑，只有成长才会让我们真正安心生活。

别人真没有
你想的那么容易

你是不是经常有这样的感觉：别人做生意轻轻松松就能迈上正轨，每天店面里的客流量巨大；别人上班轻轻松松就能干出好业绩，每月的业绩快速飞涨；别人创业轻轻松松就能做出大动静，每年收入几乎都是在翻倍增加。

为什么别人做事情就那么容易，而轮到你的时候总是一切好难，仿佛自己就是那个头顶总有一朵乌云的人，走到哪里都是阴雨天。

电影《这个杀手不太冷》中，小女孩玛蒂尔达问莱昂："人生总是这么苦，还是只是童年如此？"莱昂回答："总是如此。"每个人的一生其实都在走同样的一条路，左边是鲜花与掌声，右边是泥泞与汗水。而大多数人呢？他们愿意展示出自己道路左边的一面，这让他们看起来仿佛就是天生的幸运儿，轻轻松松就能取得成功，轻轻松松就能站上巅峰。可阳光之下哪里只有光鲜亮丽而没有黯淡无光呢？所以有句话说得好，“人前风光百般好，人后辛酸可知晓。惊人艺业谁成就，年年月月五更早。”其实，你看到的只是别人轻松的一面，每个人的成功真没有你看到的那么容易，他们背后的艰辛你可能无法想象。

清末中兴名臣曾国藩出生于一个普通的农家，自幼勤敏好学，六岁入塾读书。八岁时能读四书，诵五经，十四岁时能读《史记》《周礼》。道光十八年中进士，进入翰林院，任军机大臣。累迁内阁学士、兼任礼部、吏部、工部、刑部侍郎。同大学士倭仁、徽宁道何桂珍等为好友，以“实学”相砥砺。

看了曾国藩的简介，会不会觉得曾国藩是个特别风光的人呢？风雨年代，在疆场和庙堂里叱咤风云，经历过大风大浪中的曾国藩，是当时光彩夺目的人物。可是，他却是个很笨的人。有关他蠢笨的故事一直流传不绝。一个晚上，他在家看书，有一篇文章他重读了好几遍，却背不下来。于是，他读了一遍又一遍，背了一遍又一遍。直到夜深人静，他还没背下来。这可急坏了一个人。本来他家来了贼人，就躲在他书房的房檐下，想等他看完书睡觉后再进来偷东西。但是贼人一直在门外等着，就是等不到曾国藩睡着。这个贼人实在等不下去了，就非常生气地跳进屋里，对曾国藩说："就你这么笨，还读什么书？我听几遍都会了！"于是，贼人把文章从头到尾背了一遍，然后就扬长而去。清末另一个重要人物左宗棠在评价自己的时候，取了一个称谓叫"今亮"，就是自称为当今诸葛亮的意思。而曾国藩的一个称谓叫"猪子"，意为蠢笨如猪。曾国藩听罢，就给自己起了"涤生"这个称谓，他解释说："从前种种譬如昨日死，以后种种譬如今日生。"跟昨天的自己比，今天的我哪怕有一点儿进步，也会是新的高度。

可以说，正是这每天的一小步成长，让曾国藩的人生活出了不一样的模样。没有人能随随便便成功，你要想取得成功就必须付出足够多的艰辛。

台上一分钟的精彩，是台下日复一日的十年之功。你若想看起来不费吹灰之力，那你就必须活得特别努力。你一直盯着别人的成功，自己却不去努力，除了增加自己的焦虑，还能得到什么？

有一天，被称为"草原之王"的狮子来到老天爷面前说："我非常感激您赐予我如此强壮的身体和雄伟的力量，使我能够统治这片草原。"老天爷听了，笑着说："但你今天来找我不是为了这个吧！看来你好像在为什么事情烦恼。"

这头狮子低吼了一声，说道："老天爷真了解我！是的，我今天来确实有事。虽然我的能力非常强大，但每天鸡鸣之时，我总会被鸡鸣之声惊醒。请你再给我一次力量，使我不再被鸡鸣吓醒！”

老天爷微笑着说：“你去找大象，它会给你一个满意的回复。”

狮子兴高采烈地跑到湖边去找大象，还没有看到大象，就听见大象跺脚时发出的“砰砰”声。

狮子快速地朝大象跑去，但是它看见大象正气呼呼地跺脚。

狮子问大象：“你为什么要发脾气呢？”

大象拼命摇晃着它的大耳朵，吼叫着：“有一只讨厌的蚊子，总想钻进我的耳朵里，把我的耳朵弄得很痒。”

于是狮子就走了，边走还边回头看着正在跺脚的大象，他想：“老天爷要我来看看大象，应该是想告诉我，每个比你更厉害的人也许都有你看不见的脆弱的一面。既然这样，我为什么认为别人总是比自己幸运呢？今后只要再有鸡鸣声，我就当作鸡在提醒自己该起床了，这样想的话，鸡鸣声对我来说还算是有好处呢。”

冰心的诗中写道：

成功的花，
人们只惊羡她现时的明艳！
然而当初她的芽儿，
浸透了奋斗的泪泉，
洒遍了牺牲的血雨。

每个人的认知层次不同，也是导致你总觉得别人的成功特别容易的一个原因。

我刚进入社会的时候也有过同样的经历，尤其是在圈子里看到一些年少有为的人时，总是觉得别人就是赶上了风口，运气好才取得成功。可是，随着我对工作和生活的认知理解越来越深刻，我才逐渐明白：当我们在临渊羡鱼的时候，人家已经早早地退而结网了；当我们还在睁着年轻的大眼睛迷茫地打量着这个世界的时候，人家已经做好规划开始全力奔跑；当我们整天抱怨这不好那不好的时候，人家已经在挑灯工作奋力拉开与我们的距离了。

而且很多时候，我们不仅看不到人家背后的辛苦付出，还看不到人家背后努力聚集的各项资源。大学毕业三年后，同寝室的几个人之间就已经出现了差距。有人已经成为管理者，有人还在家里"闲置"，有人年薪几十万，有人还在跟实习生抢岗位，这背后的差距是什么呢？就是人脉、行业经验等各种资源上的差距。

所以，当你还在别人的优秀与成功面前焦虑时，不妨多观察观察别人，学习拆解别人做事的逻辑，吸收借鉴真正对你有帮助的东西，然后脚踏实地地去落实，不断地补齐你与别人在努力和资源方面的短板，你才有可能活出你想要的样子。

英子的独白

世界纷繁，你要活得静心

这个世界上烦心的人多了，不差你一个。经常和我接触的人都会问："英子，你每天看上去风风火火忙得不可开交，但是你怎么看上去不怎么焦虑呢？"焦虑了就能改变每天都忙忙碌碌的现状吗？焦虑了甲方就会改变条件让我轻松达成合作吗？焦虑了生活中的那些烦心事儿就能像近几年北京的雾霾一样越来越少吗？不能呀，那我为什么要焦虑呢？我天生不是乐天派，而且我的行事态度就是：不伤害，不掠夺，不欺负，不干涉。

不伤害，就是在与任何一个朋友和客户的相处过程中，不伤害对方，不做损人利己的事情。也许这个时候你就会问了，那别人伤害你呢？防着点呗，害人之心不可有，防人之心不可无。

不掠夺，这个意思是不是有点儿模糊呢？是不是和上面的不伤害是一个意思呢？还真不是，因为在我看来，掠夺往往都是占有优势的一方对劣势一方的强霸行为。而我们在工作和生活中，不能因为自己在某些方面占有优势，就去抢掠比你弱的人的资源。换句话说，你比别人干得好，你不想着去帮助别人，还想着去拿走别人本就不多的资源吗？真要有能耐，你从比你厉害的人手里抢夺资源啊！

不欺负，这个意思其实是一个“防御术”，就是教你如何免受欺负。举个常见的例子，我们上学的时候比较容易欺负人的是哪些人呢？就是那些整天一副“江湖社会哥”面孔的人，篮球场上欺负低年级的同学，放学后又被“慕名前来”的挑衅的人揍得在巷子口乱窜的人。而哪些是很少受欺负的同学呢？通常是那些每天按时上下学，与同学、老师好好相处的同学，所以，不论是在竞争激烈的职场上，还是在柴米油盐酱醋茶的生活中，想要不被人欺负，我们就不做欺负人的事情。

不干涉，就是不要去插手别人的工作和生活。我们经常能看到一些人随意去干涉别人。一个好的朋友和伙伴是什么关系呢？我能设身处地地为你着想，只愿意做雪中送炭的事情，不愿意做锦上添花的事情。在别人有困难时，我伸出手帮助他，给他建议和资源；别人好的时候，说一声恭喜，然后一起继续开心地向前跑。这不就很好吗？

事实上，除了你有“正确的处事态度”，格局大一些也能让你平心静气地面对这个纷繁的世界。所以，我一直很喜欢这样一句话：心怀大格局，过好小日子。

什么是格局呢？格局就是你如何与这个世界相处的姿态。网上有个回答特别好，“能享受最好的，也能承受最坏的，是格局。”一个人有了大格局，哪怕身处陋巷过着贩夫走卒的生活，也能以一颗平常心面对每一天。生活从来都不是人与人之间的攀比，不慌不忙，不卑不亢，不被裹挟，独立思考，你才会找到自己适合的且喜欢的生活节奏。有些人会说我情绪控制能力差，可为什么差呢？情绪就像一个按钮，外界的人或事一触动这个按钮就发生自动化的反应，完全不经过大脑的思考，等到大脑开始冷静思考的时候，才发现已经做错了。

记得上学时，有一次我和一个女同学在教室里下棋。当时有很多同学围观，在我快赢一局的时候，有个男同学不断地帮助和我下棋的女同学，还用语言攻击我，最后我输了。输棋后我一把抓住这个男生的领子和他打了起来，打得非常激烈，最后我们被老师带到了办公室，再后来校长还公开批评他和女生打架。但是，这件事之后，我就开始思考，以后要避免这个问题，就得发现这个按下“情绪爆炸”的按钮是什么，是什么事情让你冲动，是害怕输赢，是一直秉持的信念，还是仅仅因为爱面子呢？或者只是因为不爱动脑呢？

找到它们后就要有针对性的办法，害怕输赢就要有平常心；如果是信念方面，就要对信念进行质疑，找出错误；如果是面子方面，就设想一下这个面子丢了又能怎么样；如果是不爱动脑，当然就得开始动脑了；情结方面则会难一点儿，也许需要心理咨询师的帮助，学会与过去和解，拥抱自己内在的变化，懂得让过去的事情随风而去。

2020 年 4 月写于郑州

Chapter 5

学习力

不停折腾的背后就是不断地学以致用

董卿说："你在读书上花的任何时间，都会在某一时刻给你回报，学习，是对自己最好的投资。"学习力，从来都是一个人的核心竞争力，如果你不好好好学习，怎么有资本努力折腾呢？如果你承受不住学习的苦，必然会承受这个世界的磨难，因为自然界的规则就是优胜劣汰。

善于学习、坚持学习，而且能够学以致用的人就是"优"；安于现状，从不学习的人则注定是自然界的"优化对象"，也就是"劣"。

所以，让自己一辈子走在学习的道路上，应该是我们此生必须坚持的一种信仰。

我几乎从来不追剧

俞敏洪说：“这个世界上天才是少数，宠儿和骄子也是少数，大部分都是资质正常、长相正常、家庭背景正常的人。但是人和人最大的不同不是长相和资质的不同，是奋斗或是努力的程度不同。我们常常期待一个奇迹，突然之间就爆发了一种力量，一种才气。这个世界上没有这样的事情，成长是点点滴滴进步的过程。这个积累的过程中间没有任何人能够注意到你的积累。”

熟悉我的人都知道，我几乎从来不追剧，也很少看娱乐类节目，因为我每天空闲的时候就是看书、学习。我没有比别人更聪慧，我也没有比任何人运气都好，如果非要说我身上有什么能力，我想只能是我的学习力。一直以来，我对新生事物特别感兴趣，好奇心总是比周围的人强，这也是我拥有很强的学习力的关键因素。

1997 年考大学时，身边的大多数同学选择了医生、矿产、法律、经济等专业，而从小就生活在矿区的我，自然也被很多人期许能成为像父亲一样优秀的人，但是，因为接触到了计算机，我对这个新兴专业十分感兴趣，18 岁的我在懵懵懂懂中有一种感觉，计算机行业未来一定是深刻影响世界并且能够改变很多普通人命运的。所以，在填报志愿的时候，我坚定地选择了计算机专业。

现在回过头去看，选择计算机专业真的是我命运轨迹中的一次重大转折，因为信息技术几乎是 21 世纪以来变革迭代最丰富的产业之一，每一次新技术浪潮的涌现，都强烈地刺激着我的好奇心，让我不断地沉下心来琢磨、学习、研究，不断促使自己掌握新的技能，不断抓住新的机遇。所以，总结自己这些年走过的路，最大的发现就是学习是一辈子的事情。

学习是一辈子的事情，容不得半点儿偷工减料，也不允许有半点儿焦躁，因为每一次成功都是知识点链接起来的结果。很多人觉得每天坚持学习是一件痛苦的事情，是学习让他们痛苦吗？我想肯定不是的，表面看是他们没有养成每天学习的好习惯，更深层次的原因则应该是安于现状或不思进取。

有人可能会说，我每天上班下班努力工作赚钱养家，一天的工作时间超过 10 个小时，凭什么说因为我没有拿出一点儿时间学习，就说我安于现状或不思进取呢？对于这个问题，我想用知乎上的一个问答来回答。问：我们努力学习的意义到底是什么？答：努力学习的意义是让你越来越适应这个世界。是的，我们努力工作不断学习提升自己的目的不就是让自己与这个世界更好地相处吗？很多时候，我们在职场和生活中遇到各种痛苦和焦虑，本质上不就是你与环境格格不入吗？你努力工作，可是你不充电不提升，又能坚持多久呢？

再拿近些年来的“互联网 35 岁危机”分析一下。“互联网 35 岁危机”的本质是程序员们的年纪太大导致精力跟不上了吗？35 岁正值风华正茂之际，是一个人的智力、体力和职场状态最好的时候，精力跟不上怎么可能呢？实际上，根本原因就是其掌握的技术已经落后了。计算机信息技术从诞生以来，就以更新速度快著称，一个 35 岁的程序员仅仅写了十余年代码而没有技术上的储备更新，又怎么不会被淘汰呢？

仅仅是程序员们会遭遇“35 岁危机”吗？不是的，是每个学习力有欠缺的人都会遭遇“35 岁危机”。就连动物界也存在这一危机。你知道草原之王狮子最后是怎么离世的吗？是被狮群抛弃后活活饿死的。狮子是群居动物，每次捕猎都集体出动，精确分工。可是年老的狮子呢？它们因为体力下滑很多工作无法完成，于是狮群就会补充新成员，而淘汰它们。自然世界从来如此，何况在竞争激烈的职场中，你不学习不提升，还想着现世安稳岁月静好，怎么可能呢？所以，不学习的人，错过的不仅仅是知识，还有更好的未来。

蔡康永曾说过这样一段话："15 岁觉得游泳难，放弃游泳，到 18 岁遇到一个你喜欢的人约你去游泳，你只好说'我不会'。18 岁觉得英文难，放弃英文，28 岁出现一个很棒但要会英文的工作，你只好说'我不会'。"一辈子能坚持学习，就意味着这一辈子你有更多的选择，而不是在遇到喜欢的人或喜欢的工作时，只能遗憾地说"我不会"。

拥有更多的选择权，对于每个人来说都很重要，因为这决定了你人生是否丰盈。我写这本书的主题是爱折腾的人生才丰盈。这里的折腾，指的就是一次又一次的选择，如果你没有选择的能力，又怎么去折腾呢？又怎么让自己活得更好呢？

所以，蔡康永更是在《因为这是你的人生》一书的开篇就指出："我们怎么判断一个人活得好不好？最简单的判断标准就是：看这个人活得有没有选择。当被问到想吃面包还是油条时，可以回答不饿，暂时都不想吃；当被问到喜欢伴侣比自己高还是矮时，可以回答高矮没关系，谈得来比较重要。这些回答就表示我们有选择，不只二选一，而且可以选择要或不要，我们的意志得以实现，我们可以感受到拥有选择所带来的幸福。"

我曾在论坛里看过这样一个故事：

一位亿万富翁在海边度假的时遇到一位渔夫，这位渔夫已经人至中年，每天的工作都是简单的重复，撒网，打鱼，再撒网，再打鱼。不过，渔夫每天乐呵呵的，不忙的时候就躺在海滩上晒太阳。

有一天，渔夫在休息的时候，富翁走上前去，两个人愉快地聊天。

富翁："你好，你每天都在这里打鱼吗？"

渔夫："是呀。"

富翁："你每天能打多少鱼呢？"

渔夫："差不多几十斤吧，够我吃的，还能换些钱，够家里的开销了。"

富翁："你有没有想过换一个大一点儿的渔船，这样就可以到深一些的海域去打鱼了。"

渔夫："为什么要那样做呢？"

富翁："那样你就可以多打一些鱼，挣更多的钱呀。"

渔夫："然后呢？"

富翁："然后，你就可以换更大一些的渔船吗？雇佣一些员工，到更深的海域去打鱼了。"

渔夫："然后呢？"

富翁："然后，你就可以建立自己的公司，挣很多很多的钱。”

渔夫：“然后呢？”

富翁：“然后，你就可以把公司包装上市，承包给职业经理团队打理了。”

渔夫：“然后呢？”

富翁：“然后，你就可以像我一样，自己离开公司，到海边度假。”

渔夫：“哈哈，是你现在这个样子吗？”

富翁：“是啊，就像现在这样，享受阳光、沙滩和海浪。”

渔夫：“我现在不是和你一样吗？”

富翁：“是的，你已经做到了。”

这个故事你肯定早就看过，肯定也会觉得富翁怎么那么傻呢？付出了那么多，不过是过上了渔夫早就过上的生活。可是，你把这个故事的场景放大一些呢？给场景注入春夏秋冬，注入人生百态，你会发现你更喜欢的人是富翁。如果是在寒风凛冽的冬天，富翁还会在海边遇到渔夫吗？可能性很小，因为他可能在温暖的豪宅里吃着空运过来的鲜鱼，而他餐盘里的鱼可能是渔夫冒着风浪和严寒捕捞来的。如果同样是家人遭遇重病等灾祸，富翁可能乘坐着私人飞机满世界找好的医生和药品，而渔夫可能会坐在海边的礁石上痛苦地盘算着，到底去哪里才能筹到一笔医药费呢？

人生有了丰富的选择权，才能够给自己、家人和亲朋足够的保障。换句话说，我们这一辈子坚持学习，并不仅仅是为了努力拓展自己的人生上限有多高，而是为了保障自己的人生下限不会特别低。

人生的路上，每个人都会遇到很多事情，有些事情根本无法预测。我们所能做的就是通过学习做出预判，在情况不好的时候你还有应对之策，在没有前路和退路的时候你还有能力坚持下去。这一切都是学习能给你的。

为什么
这个世界总在“毒打”你

已经工作整整一天了，回家已经晚上十点钟了，你洗了把脸，换了身保暖的衣服，骑上折叠自行车又匆匆投入到代驾的工作中，夜色温柔，但你却焦急地等着订单，明明感到很累了，却一再告诉自己，一定要再坚持 4 个小时。

凌晨的天际刚刚露出一点儿鱼肚白，上班的人流即将涌出整个城市，你却和即将熄灭的路灯一起开始了下班的时间，掏出手机想给爸妈打个电话，问候一下远方的他们，可是你最终却从口袋里摸出了一根烟，点上，随后衣兜儿里的手机又被紧紧地攥了一下，可你还是没有掏出来，而是步履匆匆地走向了首班地铁站。

为什么这个世界总在“毒打”你？我说出来的答案可能还是有点儿煽情：为什么在上学的年龄不顾父母的劝阻，吵吵嚷嚷着要去闯荡社会？为什么不在该努力的年纪不努力，直到上有老下有小的时候才意识到拼搏的重要呢？你说学习太痛苦，打工赚钱更容易。你说过个安稳日子就够了，可是日子越过越不安稳。可现实却是，吃不了学习的苦就得吃生活的苦，吃不了努力的苦就得受琐碎日子的苦。并不是这个世界总在“毒打”你，而是你一直走在自己给自己挖的坑里。

你该怎么跳出这个“坑”的生活呢？还是要吃学习的苦。而学习真的苦吗？你去问挑灯夜战的高三学子，他们大多数的回答应该是苦；你去问走在名校校园里的学生，他们大多数的回答应该是“学习是一件快乐的事情”。很多时候，苦与甜的评判标准就是后来的成果，你不能因为吃了第二碗饭填饱了肚子，就觉得第一碗饭白吃了。你生活、工作越来越幸福，那是因为你之前挨过了很多不幸福的时光。这一切，正如茨威格在的《断头王后》里写的那样，“她那时还太年轻，不知道命运所赠送的礼物，早已在暗中标好了价格。”

有这样一段话，严格地阐释了“学习的苦”与“生活的苦”之间的区别：学习的苦，是枯燥的苦，是短期没有回报的苦，这种苦看得见，摸得着，谁都不愿吃。生活的苦，是绝望的苦，是长期没有出路的苦，这种苦看不见，摸不着，谁都不想吃。

学习其实并不苦，苦的是早已被生活消磨掉的好奇心和敢于对未来抱有期望的勇气。生活其实并不苦，苦的是那个不知苦也不知如何避免吃苦的人生。

2006年，一位河南考生在高考时主动交了白卷，高考后她试着出去打工，但学历不高，加上没有专业技能，求职道路异常艰难，忍不住发出“压力特别大，老觉得对不起父母”的感慨，甚至有过几次自杀的想法。之后几经波折，她进入技校学习。回想起高考，她坦言“现在我觉得有些荒唐”。2007年，同样另一位交了白卷的考生经历了更多的波折，高考后他做过医药销售、保险公司业务员、公益活动策划、夜总会营销员等，但每份工作都干不长，总是频繁跳槽。在此期间他还自己做了一些小生意，但都以亏本收场，无奈只好到酒店打工，开车还债。之后成为驾驶货车运送土方的司机，每天早晨7点开始上班，晚上10点下班，天天奔波在路上。

学习，从来不是一件容易的事，也从来不是一件很难的事。为了提高竞争力，学习是必要的，今天不愿花两小时学习，明天花更多时间也很难弥补回来，而且，随着年龄的增长，学习付出的代价也会越来越大。现如今，社会越来越看重人才，而成为人才的唯一途径就是学习，学习是一件容易的事，但坚持学习却并不容易。在成人的世界里，没有容易二字。趁着年轻好好学习，才能得到更多更好的资源。

我在十余年的奋斗过程中，看到过许多起点低但却很厉害的人，无一不是有着超强的学习力。他们通过自己的努力掌握了各种技能，在不同的部门身居要职，成为团体里不可替代的中坚力量。爱学习的人，一直在追逐梦想的路上，未来始终有着无限可能。人不学习，就会渐渐变得狭隘短浅，看不到多样化的生活。学习，会使你的心态平和。当你开始学习并面对别人的成功时，你会发现你不会再去问“他凭什么”“怎么不是我”，也不会再哀叹自己命运不济。当你得意时寻找突破，当你失意时寻找方法，当你确定了目标时，你就会找到千千万万条通往目标的路。学习，会使你的头脑更充实，更会使你对世界充满好奇。随着学习的循序渐进，你会发现你获得的信息越多，你对自己和这个世界的认识就越深，这一经历将使你变得越来越渴望获得知识。你会发现学习不只是知识和技能的提升，更是自己为未来生活预留下的一张张彩票，它让我们的余生变得更加精彩。保持学习的能力，是我们终身成长的法宝，它使我们一生免于世界的“毒打”。

持续学习的背后
站着一个自律的你

知乎上有个问题：不自律的人是什么样的？有个高赞的回答是：他们为现状焦虑，又没有毅力决心改变自己，三分钟热度，时常憎恶自己的不争气；他们本想在有限的生命里体验多种生活，却只会把同样的日子机械重复很多年；他们不曾经历过真正的沧桑，却还失守了最后一点儿少年意气，以普通的身份埋没在人群中，过着煎熬的日子。

可以说，很多人学习力差，总是无法坚持学习，根本原因就是自律性不够。每个能够持续学习的人，都是一个自律的人。看过电影《肖申克的救赎》的人认为这是一部旷世名作，可是你知道吗？斯蒂芬·金为了写好这部作品，规定自己每天必须写 2000 字，不写完就不准走出书房。

王亚南是我国著名的马克思主义经济学家，也是《资本论》的中文译者。1993 年，王亚南乘船前往欧洲，轮船驶向红海，突然间巨浪汹涌，船身摇晃得难以站立。这时候，戴眼镜的王亚南手里拿着一本书，走进餐厅，恳求侍者说："请把我绑在这根柱子上！" 侍者以为他怕被浪头卷进海里，于是照他说的，把王亚南牢牢绑在了杜子上。绑好之后，王亚南翻开书本，仔细阅读起来。这艘船的外国人看到之后向他投去惊讶的目光，并连声赞叹："啊！中国人真是太了不起了！"

你的成功是怎么来的，某种意义上来说就是你自己逼出来的。而学习这件事情，同样不例外。我从来不提倡"头悬梁""锥刺股"那样的学习方式，我一直都很推崇将自己逼到极致的学习精神。

很多人在谈到自己没能坚持长期学习时，找的借口都是"身不由己""我每天工作到那么晚，哪里还有学习的时间呢？" 可事实真的是这样的吗？你扪心自问过吗？中国科学家钱伟长先生曾这样回顾他的一生："我 36 岁学力学，44 岁学俄语，58 岁学电池知识，我学计算机是在 64 岁以后，现在也搞计算机了。" 在 90 多岁高龄时，他还表示："到现在，晚上 9 点以后是我的自学时间"。张泉灵在 42 岁时宣布辞职，离开了倾注自己青春的中央电视台，但她却说："42 岁虽然没有了 25 岁的优势，可是再不开始就 43 岁了。‘股神’巴菲特将每天 80% 的可支配时间都用于阅读，他建议每个人每天读 500 页书。”

我们总爱用忙碌给自己设限，但每个今天都是我们余生中的第一天。你愿意让自己的每个第一天都在忙碌的借口里流逝吗？如果你整日陷入“忙碌的障碍”里，人生又哪里来的自由呢？乔布斯曾说：“自由从何而来？从自信而来，而自信则是从自律来。”

曾经看到过一个有趣的问题：如果自律有三个层次，你在第几层？第一层自律，身体的自律，运动、饮食都属于这一层；第二层自律，心灵的自律，你开始关注自己的情绪、习惯、意志；第三层自律，把自律作为一种习惯，让它融入你的生活，这也是极致的自律。几乎每个人都知道，自律是成功的基础保障，可就是连第一层的自律都做不到。归根结底，还是对自己不负责，无法承担改变所带来的痛苦。自律的痛苦其实就是一种火焰，能够炙烤掉你身上的种种恶习，而谁能经历过此番痛苦的考验，自然就会像凤凰一样浴火重生，迎来一个全新的自己。

我在创业的过程中遇到很多优秀的人，而他们身上突出的一个特质就是自律。我在创业和读 EMBA 的时候曾和俞敏洪老师有过交流，他的身上除了优秀企业家所具备的领导力、开创力和管理力，强大的自律性也是他身上的一个特质。他经常告诉身边的人，要有耐心更要有耐性，他说：“你不能忍受的事情，但是你不得不忍受而不忍受就不可能成功。当我们自己的生命要想为一个伟大的目标而奋斗的时候，你必须排除你生命中一切琐碎的干扰。”

对于自律所带来的痛苦考验，俞敏洪老师觉得那是用来沉淀人生幸福和快乐的，他曾在一篇文章中写道：

> “有一次我在往黄河边上走的时候，我灌了一瓶子水，大家知道黄河的水特别浑，后来我就把它放在路边，大概有一个小时左右，我非常吃惊地发现，一瓶水的四分之三已经变成非常清澈，而只有四分之一是沉淀下来的泥沙。”
>
> “假如说我们把这瓶水的清水部分比喻成我们的幸福和快乐，而把浑浊的泥沙比喻成我们的痛苦的话，你就明白了。当你摇晃一下以后，你的生命中整个充满的是浑浊，也就是充满痛苦和烦恼，但是当你把心静下来后，尽管泥沙总的分量一点儿都没有减少，但是它沉淀在你的心中。因为你的心比较沉静，所以就再也不会被搅和起来，因此你生命中的四分之三就一定是幸福和快乐。”

一提起清华、北大这两所大学，大家觉得走进这两所学校的人都是传说中的人物。看过博主“柠檬考研日记”记录的他的高中生活后，你还会觉得他们就是传说中的人物吗？但他们确实拥有“传说中的经历”。

博主“柠檬考研日记”分享的三年高中生活是这样的：1095天中，每天5：30跑步，6点晨读，10点下晚自修自习，作息、吃饭和学习的时间都精确到每分钟，一天的学习时间高达14个小时，而1095天日日如此，从无例外。最后，他一路读到清华的博士毕业。这个世界上也许有天资聪颖的神童，可是没有强大的自律作为基础条件，再聪明的神童也可能都是伤仲永式的结局。而我们大多数人都是资质平平、家境普通的人，如果你没有自律的精神，那怎么能在人生这个赛道上逆势而上呢？

作家卡西说：“自律的意义，正是促使你约束自己，改掉毫无节制的放纵，凭借强大的意志力与坚持，去制定一套属于自己的做事原则，去建立稳定、规律的节奏和秩序，只有这样，一个人才能获得真正的自由。这种自由，不仅包括财务自由、事业自由、精神自由、生活自由，甚至包括你的爱情和婚姻自由。人人都想要自由，但自由并不总是好事，尤其是当我们并非真正理解自由的确切定义时。”

也许有人会问，自律就是承受痛苦，然后等待幸福快乐悄然来临吗？我想一定不是这样的。也许在你刚开始约束自己的时候会感到痛苦，可是当你习惯了约束之后，你一定会开始享受自律。自律的目的从来都不是感受痛苦，痛苦只是实现自律过程中的感觉。

本杰明·富兰克林是美国“开国三杰”之一，他既是发明家，也是政治家，还是成功的商人，在一定意义上，他是一个名副其实的富人。在他的自传里，他坦言自己是个自律的人，并在书中列举了 13 项自律要求。

> 第 1 条：保持健康，合理饮食，吃七分饱，控制饮酒量。
>
> 第 2 条：谨言慎行，说话要利己利人，不该说的话不说。
>
> 第 3 条：要有归纳整理物品的习惯，不丢三落四，不拖拉，按时完成计划。
>
> 第 4 条：决定一件事后，就不要再犹豫，即使遇到阻力也不能放弃，要努力克服。
>
> 第 5 条：金钱是用在刀刃上的，不必要的地方，不要浪费金钱。
>
> 第 6 条：努力工作，保持勤奋，不浪费时间，更不荒废时间，发挥有限时间的最大价值。
>
> 第 7 条：对待他人要诚恳，自己要表里如一，言

行一致，让心灵永远保持纯洁与公平。

第 8 条：假如承诺了别人，那一定要做到，不做损人利己的事。

第 9 条：碰到任何事情，千万别说极端的话，做极端的事，要敢做敢当。

第 10 条：培养良好的卫生习惯，不管是身体、衣着，还是住处。

第 11 条：遇事要保持镇静，避免惊慌无措。

第 12 条：别纵容欲望，时刻让自己保持清醒的头脑。

第 13 条：以耶稣和苏格拉底为榜样，时刻保持谦逊、低调。

看到这 13 项自律要求，你还会觉得自律是一件痛苦的事情吗？当我们每天都坚持学习的时候，我们的人生会发生什么样的变化呢？我们一定会变得更聪慧、更理性，在知识量不断增加、眼界不断拓展的情况下，我们更容易读懂自己的内心，知道自己每天该做什么，知道自己当下需要的是什么，会活得更加通透。

德国哲学家康德说："假如我们像动物一样，听从欲望、逃避痛苦，我们并不是真的自由，因为我们成了欲望和冲动的奴隶。”我不是一个自律到极致的人，但我觉得自律也算是我身上的标签之一。慵懒地靠在沙发上看书、看碟、看电视，都是我很向往的，可总是没有这样的时间。每当我抽出一张碟片时，我就告诉自己还有那么多事情没做完，这个就先放放吧。即使我当时有时间，也没有消费时间的心情。

电影《霸王别姬》里有这样一句台词：“人啊，得自个儿成全自个儿。”所谓自律，真的就是自己成全自己。人生本就艰难，如果我们缺乏严格的自律性，不懂得自己成全自己这个道理，那么怎么可能过上自己想要的生活呢？所以，我想要劝诫大家的是：往后余生，愿我们自律也自由，不管芳华褪尽，不管白云苍狗，始终自律如一，在韶光中乘风破浪，活出精彩的自己。

你的学习为什么总是很低效

一本单词书，别人两个月背得滚瓜烂熟，你还是只能默写出前几页，看看别人再看看自己，一头雾水，到底是哪里出了问题？与别人同一天入职，一个星期后人家掌握了整个项目流程及情况，你还埋头在资料堆里找头绪，是不是感觉又着急又无奈？

当以上类似的情况一次次出现在你身上的时候，是不是总有一种上天对你不好的感觉？为什么人与人之间的差距就这么大呢？难不成你比别人笨吗？其实，根本不是你想的那样，据研究统计，我们和周围人的智商差距真的不是特别大，只要大家的学习方法得当，且有足够程度的努力，那么在学习这件事上是不会有特别大的差距的。如果我们潜下心来找出差距形成的原因，一定会发现是学习效率不同导致学习能力上的差距。换句话说，你的学习能力总是赶不上别人，并不是你的智商比别人的低，而是你的学习效率赶不上别人。

这些年我在职场上最大的感悟之一是：职场是一个特别真实的世界，职场竞争非常激烈，这里的每个知识点没有现成的标准答案，更没有参考书或者辅导班去帮助你，而且知识迭代的速度也很快，这需要你积极地学习并灵活运用。而在这个过程中，我们该如何提升自己的学习效率呢？不知道大家知不知道柳比歇夫，他是俄罗斯的昆虫学家、哲学家、数学家，毕业于圣彼得堡国立大学，一生发布了 70 余部学术著作，从分散分析、生物分类学到昆虫学等。他在业余时间研究地蚤的分类，还写过不少科学回忆录。各种各样的论文和专著，他一共写了五百多印张。你知道吗？五百多印张，等于一万二千五百张打字稿，对于任何一个专业作家而言，都是一个庞大到令人震惊的数字。但是，柳比歇夫对于我们普通人很有影响力的却是他提出的时间管理法，即通过记录时间、分析时间、消除时间浪费并重新安排自己的时间。可以说，这样做的好处就是，通过做好记录让每一分钟都花在有价值的事情上。而提升学习效率的最好办法莫过于有效利用时间。

柳比歇夫的时间管理法主要有以下几个要点：

（1）保持时间记录的真实性、准确性。真实是指工作现场的记录，而不是补记的。准确是要求记录的误差不大于15分钟，否则记录就无使用价值。

（2）切勿相信凭记忆的估计，人对时间这种抽象物质的记忆是十分不可靠的。

（3）选择的时间记录区段要有代表性。

（4）及时调整时间分配计划。在检查时间记录时，要找出上一时段计划时间与实耗时间的差，并以此为根据，对下一时段的时间耗用予以重新分配。

（5）坚持就是成功。

柳比歇夫的时间记录整整坚持了56年，这也让他的学习和工作一直保持高效，一生收获了诸多成果和荣誉。

我在工作和生活的时候，也特别喜欢做记录，直到今天我都保留着我人生中第一台电脑的配置清单。于我而言，记录的收获主要有以下三个方面：

（1）在掌握这项技能后，我能收获哪些有价值的东西。

（2）通过掌握这项技能，我看到了自己的短板在哪里，如何进行弥补。

（3）现阶段我的“技能包”让我处于一个什么样的“段位”，能不能帮助我尽快去实现自己的预期。

记录的过程实际上就是一个“复盘”的过程，帮助你查漏缺补的同时也收获启发，从而让你的学习事半功倍，少做很多无用功。

学习效率不高，很多时候就是你太贪心。在创业的时候，我也犯过贪心的错误，总是想在一天的时间里做特别多的事情。比如，在 2008 年的时候，当时“超级兔子”正处于快速发展期，我经常跟着测试工程师一起测试，一起加班到深夜。当时我在一篇日记里反思道：“今天测试了 10 个软件，把软件都安装在我的电脑里面了，由于最近要组成一个 10 万套的促销方案，所以也没有太多时间去测试更多了，但是肯定会把挤出来的时间去做这些。按说也没做什么像样的事，可我的时间好像总是不够用的。我在想这是不是因为做事太慢、太磨蹭、太没效率，再加上不够勤奋；还是因为太热爱生活，想做的、喜欢做的事太多，所以显得时间总是不够用呢？”

最后反思的结果是什么呢？是我太贪心了。“贪心则乱”，想要的东西太多，短时间里又没有理出头绪，自然做事情的效率就不高。在学习上，“贪心则乱”也是一样的道理，你什么都想掌握，往往是什么也没掌握，因为贪多嚼不烂。

学习效率不高，很多时候就是因为你没有合理利用资源。学生也好，“打工人”也好，创业者也罢，只要是与学习相关的事情，你就必须懂得合理利用资源的重要性。就拿学生来说，他们可以选择的资源主要有老师、同学、辅导班、参考书等。可是现实中却有很多的学生，一道题不会也不去问老师，也不去求教学习好的同学，整天闭门造车式看参考书、做试卷，大量的题海战术也没有让自己成为一名优秀的“做题家”。这时候你静下心来想想，你花一个小时解决一道题的效率是不是太慢，问老师是不是10分钟就能解决呢？你再利用剩下的50分钟去巩固加深或练习新的知识点，这样不好吗？你在放弃老师这个资源的时候，不也相当于间接放弃了你的时间资源吗？别人已经学完所有知识点，你还在为冲进全年级前100名奋斗，知道差距是怎么形成的吗？

同样的道理，我们在工作和创业的过程中，也应该积极地参加行业的各种会议或沙龙，积极地向自己身边更优秀的人求教学习，这样才能让自己的学习力始终保持高效。另外，有些人之所以不好好利用身边的资源，竟然是放不下自己“高贵的面子”，尤其是一些从重点大学或一些“大厂”出来的“牛人”，总是做不到“不耻下问”，结果自己的成长速度变慢，其人际关系也变得越来越紧张，最后在自己的一亩三分地挣扎了半天后黯然出局。

所以，我们要合理利用资源提升自己的学习效率，必须积极主动，必须放平心态，必须有的放矢，那些到处学艺且不懂得沉淀的人，跟放不下自己“高贵的面子”的人一样，出局也是最终的结局。

英子的独白

你必须活出独一无二的样子

我们坚持一辈子都去学习的目的是什么呢?

我想应该就是不断地斧正自己，最终活出独一无二的样子。

随着“工作年轮”一圈又一圈的增加，我接触过形形色色的人，发现大家在不同的年龄段都有一个几乎相同的面孔：

20 多岁的年轻人，经常是一副迷茫又好奇的表情，总是懵懵懂懂地打量着这个世界；

30 多岁的年轻人，经常是一副焦虑又好斗的表情，总是渴望又愤怒地审视着这个世界；

40 多岁的中年人，经常是一副患得患失的表情，总是疲惫却又不甘地看着这个世界。

所以，写到这里的时候，大家就应该明白了：我们一辈子坚持学习，就是为了让自己拥有摆脱每个年龄段的问题的能力，然后处理好它，让自己获得一个丰盈的人生。

学习的道路上最怕的是什么呢？自然是间歇性学习啊！比如你办了一张健身卡，一开始奔着减重 20 斤去的，并立誓不管是刮大风还是雨雪交加都不放弃，一定会坚持下去。一开始的时候每天都去健身房，一副风雨无阻的样子。等到体重降下来几斤后，又一副洋洋得意的样子，开心地奖励了自己一顿羊蝎子、烧烤、火锅……一年之中，确实有那么几个礼拜坚持了下去，等到再一次鼓起勇气准备好好健身的时候，健身卡到期了。

实际上，间歇性学习除了给人效果很差的感觉，还有一种特别强烈的挫败感，因为每一次都是在重复之前的“开始”。坚持学习，终身学习，不要担心自己学得慢，要担心的是自己给自己找借口的强大“内驱力”。

20 多岁的人，在找借口停止学习的脚步时会认为阶层已经固化了，吾辈岂有奋斗的必要！可是看看人类社会的过往，每个时代的阶层都是流动的，你不学习不奋斗，怎么可能有跃升阶层的机会呢？

30 多岁的人，在找借口停止学习的脚步时会认为忙忙碌碌还是看不到升职加薪的希望，可怕的后浪们已经追到了身后，这时候还要学习、奋斗吗？是不是这一辈子就这样了呢？作为经验和精力都在好阶段的你们，此时正是学习效果事半功倍的时候，你们怎么能够轻易错过呢？

40 多岁的人，在找借口停止学习的脚步时会认为每月都少不了的房贷将我困在了“命运的原地”，不能前进一步，上有老下有小的现状让我无法摆脱生活的重压，这时候的我想要继续学习，也是心有余而力不足。扪心自问一下，真的是生活的重担剥夺了你的学习机会吗？不是的，是你身体未老心态却已暮气沉沉造成的，你在“命运的原地”一动不动，就是因为你没有学习，没有掌握新的技能啊！

所以，用一辈子去学习必须是你始终恪守的人生使命和职责。你不学习，不努力，这辈子恐怕真的和咸鱼没有任何区别。

2020 年 7 月写于北京

Chapter 6

职场力

能折腾好的“技能包”都来源于此

为什么你每天累死累活的却比不过哪些只会写 PPT 的人？

为什么你每天加班到深夜却总是难以展示出自己的才华？

为什么你是办公室最努力的那个却迟迟跨不进精英行列？

职场，从来都是一个“金字塔世界”，你要从最底层迈向最高层，那你就必须不断提升自己的职场力，因为职场的跃升从来都是一个追求蜕变的过程，你不能化茧成蝶，最终就只能作茧自缚。你要想在职场上折腾出一番天地来，那么请先准备好你的“技能包”吧！

不管别人怎么说，我依然劝你努力

曾几何时，努力也成了“鸡汤”的代名词。我承认，选择永远比努力更重要。我也承认，机遇永远比努力更重要。可是，不管别人怎么说，我依然劝你努力，因为我们生来就贴着“普通”标签的人，努力就是我们的“基本盘”，而且也只有努力是我们的最好选择。越努力越幸运，不是一种玄学的理论，努力就是我们普通人身上最大的磁场，能够帮助我们吸引来足够多的选择和足够多的机遇。

有人说，这是一个埋头苦干已经过时的年代，会来事儿的人才会掌握足够多的职场话语权，真的是这样的吗？我想起了发生在 2019 年的“新东方年会事件”。当时，新东方集团举办了近些年来比较盛大的一场年会，在北京的所有员工几乎都齐聚现场，就在年会进行到高潮之际，一手改编自《沙漠骆驼》的歌曲《释放自我》在现场响起，一群勇敢又青春的年轻人，直接用辛辣甚至尖刻的歌词配上高亢的歌声，唱出了新东方集团的弊病，这也反映出整个职场中存在的弊病。

干的累死累活
有成果那又如何
到头来干不过写 PPT 的
要问他成绩如何
他从来都不直说
掏出 PPT 一顿胡扯
小程序做了几个
您混完资历走了
只剩下脏乱差了
转场同业机构职位升了

累死累活干不过写 PPT 的，这样的职场歪风如今是越刮越烈，可这就是我们可以不去努力的理由吗？世界不是这样运转的，我们在职场上也不是这样工作的。再强调一遍，努力就是我们的“基本盘”，你丢了它，就算以后 PPT 写得再好、讲得再天花乱坠，你没有工作成绩这件事情也无法解决。靠着“PPT功夫”可以辗转几个公司，可是职场上从来都是讲职场口碑的，你不会天真地以为靠着“PPT 功夫”就能在职场上安身立命吧！

下面这几个关于努力的故事，是我在公司培训新员工的时候经常讲的：

在美国的天堂动物园里，新来了一位喂河马的饲养员。老饲养员给他上的第一堂课让他有点儿接受不了，听起来也确实有些离奇。老饲养员告诉他：“不要把食物放在离河马很近的地方，不要怕它饿着，以免它长不大。”新去的饲养员听了这番话十分纳闷。心想世上怎么会有这种道理，为了让动物长大，而不把食物放得离动物近一些。他没有听老饲养员的话，拼命地喂他的那只河马，他喂养的河马前面到处都是食物。人们无不感到他的仁慈和善意。

但两个月后，他终于发现这只河马没有长多大。而老饲养员不怎么喂的那一只河马，却长得飞快。他以为是两只河马自身的素质有差别。

老饲养员不说为什么，跟他换着喂。不久，老饲养员喂的那只河马，又超过了他喂的河马。事情使他大惑不解。

老饲养员说：“你喂的那只河马，是太不缺食物了，反而拿食物不当回事，根本不好好吃食，自然长不大。我的这一只，食物总是在他够不到的地方，他总是在食物缺乏中生活，因此，它才十分懂得珍惜，每天拼命地去够着吃。因此反而很能吃。”

在日本的一家动物园里，一位常年喂养猴子的人不但没有将食物好好地摆在地上，还费尽心思，今天将食物藏在石缝儿里，明天将食物藏在树洞里，猴子们总是很难吃到。正因为吃不到，猴子们反而想尽了办法去吃，猴子整天为吃而琢磨，后来终于学会了用树枝把东西从树洞里掏出来吃。

别人都很奇怪，对养猴子的人说你不该如此喂养猴子。养猴子的人说：“平时将食物摆在猴子们面前，它们连看都懒得看，又怎么会去好好吃呢？只有用这种办法喂养它们，让它们很费劲地找东西吃，它们才会去吃。你越是让它们找不着，它们才越会努力地找。

养猴子的人与养河马的人都从日常生活中发现了一个真理，就是要让动物们学会努力，只有经过努力得到的东西，动物们才会当成好东西。

在硬骨鱼类的腹腔内，几乎都有鱼鳔。鱼鳔产生的浮力，使鱼在静止状态时，自由控制身体处在某一水层。此外，鱼鳔还能使鱼腹腔产生足够的空间，保护其内脏器官，避免水压过大，内脏器官受损。因此，可以说鱼鳔掌握着鱼的生死存亡。而有一种鱼却是惊世骇俗的异类，它天生就没有鱼鳔，而且分外神奇的是，它早在恐龙出现前三亿年前就已经存在地球上，至今已超过四亿年，它在近一亿年来几乎没有改变，它就是被誉为“海洋霸主”的鲨鱼！鲨鱼用自己的王者风范、强者之姿，创造了没有鱼鳔照样追波逐浪的神话。

然而究竟是什么让没有鱼鳔的鲨鱼在水中活得游刃有余呢？经过科学家们的研究，发现因为鲨鱼没有鱼鳔，一旦停下来，身子就会下沉。鲨鱼只能依靠肌肉的运动，永不停息地在水中游弋，保持了强健的体魄，练就一身非凡的战斗力。原来正是鲨鱼的天生缺陷使它只能不停地奋力游动，反而造就了鲨鱼的强大。鲨鱼无鳔，是它的悲，也是它的喜。

很多时候，我们跟故事中的动物是一样的，那些珍贵的东西都是我们努力才能得到的。所以，我经常对小伙伴们说：“不要经常做你轻易能够得到结果的事情，这个世界上珍贵的东西一定是你努力争取后得到的，很多东西看似离我们很遥远，但真是遥远到我们拼了命都够不到吗？不是距离太远，而是我们内心深处就认为自己够不到，是态度和认识上的懒惰对我们发出了放弃的指令。”

争取一切能够努力得到的东西，这其实也是人性的一部分，更是人类不断创新的根本原因之一。

有人说，我就不想努力，我就想过随遇而安的生活。过随遇而安的生活没有问题啊，可是你回顾一下自己的人生，你真的是随遇而安的吗？你的人生轨迹一定是根据你的需求延展出来的。这个世界上唯一不能倒流的是时间，唯一不能重演的是人生，你的未来是由每个过往注定的。所以，你得时刻告诉自己“你能行”，你的努力程度足以匹配你内心的真实需求。而且，时刻告诉自己“你能行”，更是一种对自己严格负责的人生态度。

我看过的电影不是特别多，但是很多年前被张艺谋导演的电影《一个都不能少》深深感动过，现在回想起来也是满满的泪点。不过，相比这部电影，更感动我的是魏敏芝。

那一年，《一个都不能少》这部影片在国际上轰动一时，影片中的女主角魏敏芝刚一走进人们的视野，便满载盛誉，凭借电影声名远扬。按常理她应该星途灿烂。不过，正当魏敏芝风头正劲之时，很多人预言这位“谋女郎”不会像巩俐、章子怡那样走得太远，甚至很多导演都曾对魏敏芝说她身材不好，也不漂亮，不适合当演员。22 岁的魏敏芝似乎很快就从人们的视线中消失了，她真的就此销声匿迹了吗？魏敏芝对自己说：“我行，一定行。”那年负面的声音如潮水般涌来，这位来自乡下的“小土妞”有些蒙了。看着镜子，她自言自语地说：“我觉得自己就是这种材料！我行，一定行！”从此，魏敏芝将电影当成自己终生奋斗的事业，她有信心在影坛上走出一条属于自己的道路，她要向世界证明自己。于是，在一阵嘘声中，魏敏芝怀着梦想，肩负使命，欣然上路。高中的时候，她毅然报考了北京电影学院。

但是这次她却输了。她在心里痛苦地拷问自己：美丽的脸蛋和曼妙的身材是不是电影演员成功的必要条件呢？难道我真的没有这种天赋吗？我不当演员也能当导演吗？就像《一个也不能少》里的小老师，魏敏芝自省而坚强。即使是在最困难的时候，也不放弃希望。在与北影失之交臂后，她毅然选择了西安外国语学院影视传播学院，还将自己的专业调整为编导。

在面对困难时，一切不足都是进步的机会。在学校期间，魏敏芝学习十分刻苦，她如饥似渴地汲取着专业知识的营养。一次偶然的机会，魏敏芝遇见了她的忠实粉丝——来自美国杨百翰大学夏威夷分校的教授、美籍华人陈尔岗。由于受这部电影的影响，陈尔岗对魏敏芝很关心，也很喜欢，还建议她到自己工作过的学校深造。陈尔岗曾问魏敏芝学成以后有什么打算，魏敏芝的回答铿锵有力："学成归国，专门拍大山里那些贫苦的孩子，让整个社会都来关心、帮助他们。"陈尔岗听后深受感动，建议她加快出国学习的步伐。

但是，去美国学习之前，必须经过严格的考试。由于魏敏芝的英语基础很差，很多人为她捏了一把汗。接到陈尔岗正式邀请的那天，魏敏芝显得心不在焉，她经常长时间坐在图书馆里，看着面前的笔记本发呆，心里问自己人生中重要的机会有多少次。那天，从图书馆里走出来，魏敏芝把拳头攥得紧紧的。

经历了两年的"攻坚战"，勤奋聪明的魏敏芝终于在杨百翰大学组织的留学考试中脱颖而出，令人惊讶的是，她还获得了全额奖学金，而且可以免费入学。在公布成绩的那一天，魏敏芝有“面朝大海，春暖花开”的感觉，这件事给她树立了极大的信心，鞭策着她继续追寻自己的梦想。在杨百翰大学期间，魏敏芝表现得异常活跃，她告诉自己：“我要在全世界的高等学府中证明自己也能行！”

经过激烈的竞争，出色的她一路披荆斩棘，最后成为校内电视台的副导演。与此同时，她将校内的中国留学生组织在一起，成立了第一个中国留学生协会，她担任协会主席。每个星期，魏敏芝都会在学校放映一部中国电影，向全体师生展示中国文化的魅力。此外，她也参加了学校合唱团，这个合唱团在美国享有很高的声望。在竞争对手面前，魏敏芝出类拔萃，成为合唱团的副导演。至此，魏敏芝的才华在异国土地上充分发挥，逐渐绽放光彩。很快，崭露头角的魏敏芝受到了一家美国影视公司老板的注意，邀请她执导电影《母亲的心愿》。她不仅是这部电影的导演，也是这部电影的主角。凭借这部电影，魏敏芝被科威特中国电影周邀请，成为首位在海湾地区首演的中国演员，并获得科威特文委最高奖。

从此，魏敏芝再也不是那个满身泥泞的原生态演员了，她已在不断的历练中化作一道耀眼的风景，并在异域的熏陶下脱胎换骨。把“魏敏芝”这三个字放到现在，你会发现她的名字赫然出现在文化圈里。

一些人认为自己在这个世界上是很优秀的，但是，只有拒绝停留在“认为”的层面上，不停地调整自己，通过切实的努力证明自己“很优秀”的人，才会真正优秀。来自大山的魏敏芝做到了，我们为什么不能做到呢？有句话说得好，不出众就会出局。在竞争异常激烈的今天，你有什么理由不努力呢？有什么借口不让自己更出众呢？

逆袭是迎难而上，更是顺势而为

《周易·革·象传》中有一句话："天地革而四时成。汤武革命，顺乎天而应乎人。"这句话的意思是：天地由于变革而形成四季，养育万物。殷朝的汤王、周朝的武王，是两个朝代的开国君主，他们发动革命，建立新朝，上顺天时，下合民意，是势所必然的行动。

事实上，不管是王朝兴衰更替，还是人生变幻起伏，顺势而为是每个人必须掌握的幸福法则之一。我在职场上总是看到很多很拧巴的人，明明按着既定的工作节奏走就行了，没事儿非得做出什么东西，在打乱工作节奏的同时还让大家都处于"逆流而上"的状态，每天口号喊得震天响，结果是感动了自己，难为了大家。

所以，现在很多的创业者和工作的小伙伴们问我：“姐，讲讲你的逆袭秘诀呗，我们也取点真经。”我的回答都是“逆袭是迎难而上，但更是顺势而为。”

迎难而上，我就不多说了，因为这本书几乎处处都在鼓励和指导你如何迎难而上，那么什么是顺势而为呢？1916年9月，伟大的革命先驱孙中山先生到浙江省海宁县观看钱塘江大潮，回到上海后心情依然久久不能平静，于是挥笔写下了那句被无数人推崇的名言“世界潮流，浩浩荡荡，顺之则昌，逆之则亡”。孙中山先生的这句话，给我们的启示就是当一个懂得顺势而为的人，不论在任何时候都会秉持客观发展的眼光看待问题，顺着大势做事情，就不会遭遇“逆流而上”的种种困难，相反还能得到事半功倍的效果。有些人一辈子在职场上碌碌无为，在生活中颠沛流离，而且每天付出比别人更多的努力，却收获一事无成的结果，为什么呢？一个关键原因就是没有明白顺势而为的道理。

从前有座山，半山腰上有座庙，这个小故事的开头依然没有意外，庙里还是有一个老和尚和一个小和尚。有一天，老和尚给了小和尚一个碗，让他去外面端一碗水上来。小和尚听了很奇怪，明明庙里就有水井，为什么要去外面端水，而且只端一碗，于是他问老和尚能不能去水缸里舀一碗水，老和尚非常严厉地拒绝了，并且要求小和尚必须一个时辰内端回来。

小和尚看师父有些发怒了，便赶紧跑下山去端水。可是山路特别崎岖，而且还要在一个时辰内端回来。一连两趟，小和尚端回来的水只剩下碗底那一点儿了。

就在小和尚准备第三次下山去端水的时候，老和尚叫住了小和尚。

“你知道咱们附近都有那些水源呢？”老和尚问道。

“山下的河里就有水啊。”小和尚回答。

“除了山下河里的水呢？”老和尚接着问。

“山顶的山泉里还有水。”小和尚摸了摸脑袋回答道。

“这次你可以试着从山顶取水端下来，回来的时候走樵夫们修的石阶。”

小和尚听了师父的话，第三趟去山顶的山泉里取水，回来的时候走的是樵夫们修的石阶。令小和尚感到非常神奇的一幕发生，这次碗里的水除了有几步路走得急了洒出去一些外，几乎端回了满满一碗水。

回来后，小和尚问老和尚：“为什么从山上往下端水不但轻松得多，而且水洒得还少？”老和尚笑着说道：“这就叫顺势而为啊，下山路有平整的石阶，你走起来自然很稳，不像上山时深一脚浅一脚，这样碗里的水就不会轻易洒出来了。做人做事也是同样的道理，顺风而行，一日百里，顶风逆行，一日不过十里。”

每艘行驶在太平洋上的船，身后都会跟随着一些信天翁。信天翁跟着船飞翔，有时一飞就是一个小时，但是你很难看到它们扇动翅膀。为什么会这样？其实这些信天翁是借助船体本身带来的气流，靠滑翔飞越浩瀚的太平洋。假如信天翁不知道借势，凭借小小的身躯，它们根本就无法坚持这么远距离的飞行。跟信天翁相比，鹧鸪是一个完全相反的案例。鹧鸪的飞行完全靠它自己的肌肉，只能挥舞着翅膀前行，因此它们很难飞得远。这是为什么呢？正是因为不懂借势，所以鹧鸪才飞不远，别说飞越太平洋，就是飞出一片山林也不容易。人们常说“一山一鹧鸪”，就是形容鹧鸪只能守在自己的一亩三分地里。

小米科技有限责任公司创始人雷军曾说过：“我到 40 岁才悟透成功的关键，这个世界上聪明的人、勤奋的人多了去了，这是成功的前提，有这些不保证成功，真正成功的关键是顺势而为。”我们应该熟悉雪莱在《西风颂》里的那句名言“冬天来了，春天还会远吗？”很多人只知道鼓励困境中的人懂得坚持，可是在困境中经历几番寒彻骨就能等来梅花扑鼻香吗？未必，只有在困境中坚持下去，未来才能看到春暖花开的时节，因为春天是必然会来临的。

顺势而为，就是通过必然会发生的状态来保证你要的结果不会出现错误。鹬蚌相争，渔翁得利，就是因为渔翁抓住鹬蚌相争时必然会产生的未来形势。乘风破浪，一往无前，就是因为顺势行驶的时候船的动能最大，船顺着风势就能破浪向前。

在天时、地利、人和这三个条件下为什么战争容易取胜，政权能够稳固，生意能够兴隆呢？就是因为借助了最大的势能啊！大学生忙于打工，努力与社会接轨，毕业后却找不到一份体面的工作；每天的工作日程安排得满满当当，既不能干完，也不能完成得漂亮；日复一日地辛勤工作，却只有苦劳，没有功劳，方格间的椅子做得坏掉了还不能升职。年复一年，日复一日……我们终于过上了自己厌烦的日子，变成了自己讨厌的人。

人的价值在于如何定义自己的时间，时间对于每个人来说都是公平的，不同的人赋予它不同的价值。很多人每天忙忙碌碌，一副特别拼命的样子，他们很可能都不知道自己是为什么而忙。更不懂得停下来看一看，自己是不是在“正确地忙碌”着，即在正确的赛道上做着正确的事情。

有人说时间是稀缺资源，无法生产，无法复制，无法储存。它是这世界上最快又最慢，最长又最多，最平凡又最珍贵，最易被忽视又最令人后悔的事物。还有人这样阐释时间带来的遗憾：“你如同曾经买了一件很喜欢的衣裳却舍不得穿，郑重地供奉在衣柜里；许久之后，当你再看见它的时候，却发现它已经过时了。所以，你就这样与它错过了。你也曾买了一块漂亮的蛋糕却舍不得吃，郑重地供奉在冰箱里；许久之后，当你再看见它的时候，却发现它已经过期了。所以，你也这样与它错过了。没有在最喜欢的时候穿上身的衣裳，没有在最可口的时候品尝的蛋糕，就像没有在最想做的时间去做的事情，都是遗憾。不要只是将心愿郑重供奉在心里，却未曾实行，那么唯一的结果，就是与它错过。时间和生命都有保存期限，想做的事情该趁早去做，这样在回头看的时候，才不会有过多的遗憾。”

《高效能人士的 7 个习惯》一书中讲道“要事第一”，要事就是艾森豪威尔法则，即时间管理四象限法则里第一象限里重要且紧急的事情。通过四象限法则把烦琐的工作或事务按照重要紧急程度分类，会发现那些做不完的事务并非都要立马完成，并且另外三个象限中可能有些事并非需要自己亲自去做。

顺势而为，关键就是要在对的时间做对的事情。人虽然向往完美，但不能因为自己都能学会而做完所有的事情。

《拼地图的小孩儿》里有这样一段内容：牧师正在准备讲道的稿子，他的小儿子却在一边吵闹不休。牧师无可奈何，便随手拾起一本旧杂志，把色彩鲜艳的插图——一幅世界地图，撕成碎片，丢在地上，说道：“约翰，如果你能拼好这张地图，我就给你 2 角 5 分钱。”牧师以为这样会使约翰花费整整一个上午的时间，这样自己就可以静下心来思考问题了。但是没过 10 分钟，儿子就敲开了他的房门，手中拿着那份拼得完完整整的地图。牧师对约翰如此之快地拼好一幅世界地图感到十分惊奇，他问道：“孩子，你怎么这么快就拼好了地图？”小约翰说：“这很容易。在另一面有一个人的照片，我就把这个人的照片拼到一起，然后把它翻过来。我想如果这个人是正确的，那么，这个世界地图也就是正确的。”牧师微笑起来，给了他儿子2角5分钱，对他说：“谢谢你！你替我准备了明天讲道的题目：如果一个人是正确的，他的世界就会是正确的。”

薛兆丰在《奇葩说》中曾讲过自己留学的经历，他为什么不去餐厅洗碗，不是因为不缺钱，而是认为要做该努力的事情。他认为一旦开始一边洗碗一边读书，这样的生活就会恶性循环。当你把你的体力消耗在洗碗上时，那么你就没有精力读书了。这就是在对的时间做对的事。所谓对的时间，就是个人定义的有价值时间。所谓对的事情，就是让自己在对的时间里创造出更多正确的价值。我想这才应该是人生的标配——顺势而为，事半功倍。

方法再好，悲观消极的你也不会赢

职场是一个讲人情世故的地方，但本质上是一个“讲方法”的地方，因为那些最终的胜出者都有着自己独特的“方法论”。可是，从我近二十年的互联网打拼生涯来看，制胜的“方法论”只是其中一个因素。你的方法再好，如果熬不过职场上的悲观消极时刻，你最后的结果很可能就是失败。

雪莉·桑德伯格是美国 Facebook 首席运营官，她曾在关于女性领导力的畅销书《向前一步》中，从宏观上论述了女性职业的发展和女性领导意志的重要性，鼓励女性在职场中敢想敢做，敢于领导。然而在我看来，对于职场人来说，无论男女，只要处在工作状态，我们都可以将“向前一步”看作一种态度，即多想一步、多做一步。毕竟在职场中，不管是新人还是老人，你的工作态度是否积极，就体现在工作的方方面面。在职场上的每个人，没有人不知道积极态度的重要性，几乎每个人在进入职场的初期，都会拼命向前冲，激情满满。可是，为什么还会有那么多的人变得消极悲观呢？我能想到的第一个答案就是：欲速则不达。圣严法师说：“今天的世人，往往误以激进的拼斗为积极，因而为个人制造不安，也为我们共同生活的环境带来困扰。”那么，何谓积极？圣严法师将积极解释为“时时地生活于现在，既不将生命的时光，浪费在对于过去的骄傲和悔恨，也不将宝贵的生命，消磨在对于未来的幻想与忧虑”。

有这样一个故事：有一个农民挑着一担水果去卖，结果还没有走进城天就黑了，而此时距离城门关闭的时间也很近了。这时候迎面走来了一个小和尚，农民焦急地问道：“小师父，您来的时候城门关了吗？”“还没有。”“那就好。”农民一听城门还没关，就准备加快脚步往前赶，结果小和尚对他说：“你如果是着急进城卖水果的话，那么你慢慢地走，也许还来得及。”农民一听，心里想这是什么话，着急走都来不及了，还慢慢走呢！走了一段路后，农民越来越着急了，干脆跑了起来。结果还没有跑几步，脚下一个趔趄，担子掉在了地上，水果掉得遍地都是。

就在农民气急败坏地捡水果的时候，刚才遇见的小和尚跑了过来。小和尚一边帮忙捡水果，一边说：“什么叫欲速则不达？

脚步放稳一些并不是慢，也可能是快。”

我们在工作上也同样如此，与其在手忙脚乱中浪费时间，不如井然有序。毕竟，工作是忙不完的，工作应该讲究的是要“赶”，但不要“急”。任何事积累到一定程度都会形成压力，心中背负着太多负担的人往往容易乱了分寸，无法静下心来理清思路，所以容易焦躁、抱怨、愤怒，最后变得消极悲观。与其被忙不完的工作所驱使，不如在自己的能力范围之内坦然用心去做，把做得到的做到更好，做不到的就不要强求。

所以，我们看那些态度积极的职场人，总是能够将手头的工作理出大小内外、轻重缓急，从而按部就班，有次序地一件一件解决。这样做既可以保证工作速度，又能保持从容不迫的心情，最终交出自己和团队都满意的答卷。

为什么还会有那么多的人变得消极悲观呢？我能想到的第二个答案是：不懂得笨鸟先飞。笨鸟先飞的故事相信大家都听过，但随着阅历的增长，你会发现懂得先飞的鸟一定不笨。因为他们比任何人更懂得正视自我，沉淀自我，帮助自我。工作中，除了少数有天赋的人，大多数普通人到后来之所以能脱颖而出，成为他人眼中的佼佼者，无一不是因为自己长时间专注手中的某一件事，深耕于某一行业。那些总是爱自诩聪明却又不愿付出努力的人，到头来只会一事所成，一无所获。知道自己“笨”，其实才是真正的聪明。笨功夫里都藏着大智慧。一个人不给自己的“笨”找理由，能克制住内心的浮躁，才能打破种种限制，让自己走得更高更远。任何成长对于你我而言并非是轻而易举，而是在日积月累中学会比他人先行一步，付出更多，等到努力积攒到一定程度，幸运自会如期而至。做一只先飞的笨鸟，不畏难，不退缩，命运就在我们自己手里。同样在职场中，你永远无法点拨一个不思进取的职员。主动积极，用心工作，不断提升个人职场能力，这是优秀职场人必备的条件。只有你想做，只有你积极主动，不断提升个人的能力，既会做人，又会做事，前辈们才会乐意给你更多的指导，更多的机会才会降临到你身边。尼采说：“那些杀不死我们的，终将让我们更强大。”

为什么还会有那么多的人变得消极悲观呢？我能想到的第三个答案是：接纳自己才能不轻易成为消极悲观的俘虏。曾在某论坛上看过《三道门》的故事，这个故事对我影响颇深。从前有一位王子，他在踏上人生旅途之前，问他的老师释迦牟尼佛：“我未来的人生之路将会是什么样的呢？”释迦牟尼佛回答说：“你在人生之路上，将会遇到三道门，每一道门上都写着一句话，到时候你看了就明白了。在你走过第三道门之后，我会在第三道门的那边等你。”

于是，王子上路了。不久，他遇到了第一道门，上面写着“改变世界”。王子想：我要按照我的理想去规划这个世界，将那些我看不惯的事情统统都改掉。于是，他就这样去做了。

几年之后，王子遇到了第二道门，上面写着“改变别人”。王子想：我要用美好的思想去教化人们，让他们的性格向着更正确的方向发展。于是，他就这样去做了。

又过了几年，他遇到了第三道门，上面写着“改变你自己”。王子想：我要使自己的人格变得更完美。于是，他就这样去做了。

后来，王子见到了释迦牟尼佛，对他说：“我已经经过了我生活之路上的三道门，也看到门上写的话了。我懂得与其改变世界，不如改变这个世界上的人；与其去改变别人，不如改变我自己。”

释迦牟尼佛听了微微一笑，说：“也许你现在应该往回走，再回去仔细看看那三道门。”

王子将信将疑地往回走。远远地，他就看到了第三道门，可是，和他来的时候不一样，从这个方向上看过去，他看到门上写的是“接纳你自己”。王子这才明白他在改变自己时，为什么总是处在自责和苦恼之中，因为他拒绝承认和接受自己的缺点，所以他总把目光放在他做不到的事情上，而忽略了自己的长处。于是，他开始欣赏自己、接纳自己。

王子继续往回走，他看到第二道门上写的是“接纳别人”。他这才明白他为什么总是满腹牢骚、怨声载道，因为他拒绝接受别人和自己存在的差别，总是不愿意理解和体谅别人的难处。于是，他开始学习宽容别人。

王子又继续往回走。他看到第一道门上写的是“接纳世界”。王子这才明白他在改变世界时为什么接连失败，因为他拒绝承认世界上有许多事情是人力所不能及的，他总要强人所难，控制别人，而忽略了自己可以做得更好的事情。于是，他开始学习以一颗宽容的心去包容世界。

这时，释迦牟尼佛已经等在那里了，他对王子说：“我想，现在你已经懂得什么是和谐与平静了。”

《三道门》的故事告诉我们：人必须懂得接纳自己的优点和缺点，还要让自己变得更好，生活中要考虑自己也要考虑别人，当我们学会与这个世界和谐相处的时候，自然也就遇见了更好的自己。

职场资源有限：会哭的孩子才有糖吃

这是一个我必须告诉你的残酷的职场真相：那些往往越懂事的人，越是没人疼，而会哭的孩子则经常有糖吃。假如你真把这句话当成职场上的真相，那么你在职场上肯定会吃亏，因为你只理解了表面意思。实际上，我所说的这句话还有更深一层的含义，职场中“哭”的真正含义是“表达 + 倾诉”。另外一种真诚是指沟通和交流。

有句话说得好，“人往往同情弱者或会诉说者，因为你不说或者不愿意表达，别人就不用去为你着想”。其实，从毕业参加工作到创业，我看见了很多“会哭的孩子有糖吃”的事情。比如，前几年间热播的电影《撒娇女人最好命》，其实并不是告诉我们，一个女人依靠撒娇就能获得青睐，而是她们懂得用撒娇这一手段表达自己的诉求。所以会“哭”就是一种表达诉求的方式，职场上资源有限，但没准你“哭着哭着”资源就来了。

我记得应该是在2009年前后，一部叫《杜拉拉升职记》的职场小说风靡一时，当时不光是公司里的小姑娘们喜欢看，很多小伙子也特别喜欢看。我当时随手翻了几页同事买的这本书，太忙没看完。一年后，这部小说被才女徐静蕾搬上了大银幕，男主角是黄立行。我特意慕名去电影院看了这部电影，影片中的一个情节特别打动我：在上司生病缺席工作很长的一段时间里，杜拉拉成了上司的替身，她每天除了忙自己的工作，还要忙着上司的工作。比如，帮着同事们协调各个部门之间的关系，筹划新公司装修和带着同事们搬家。电影里的杜拉拉就像一辆呼啸着但很难停下来的过山车，结果呢？老实的杜拉拉还没有回过神儿来，上司回来后立马抢了杜拉拉的功劳，除了给她涨了一点薪水，既没有升职也没有其他嘉奖。吃一堑长一智后，逐渐聪明的杜拉拉很快就明白，如果自己想要在职场上脱颖而出，那就必须懂得表现自己。最后，悟透职场生存之道的杜拉拉，不但百炼成“精”，还取得了了不起的职场成就，更是收获了理想的爱情，可谓事业生活大丰收。

当我们还是一个学生的时候，父母和老师总是教导我们要听话，不要惹事，要谦虚，不要张扬。在初入职场的时候，周围的人总是提醒我们要老老实实，兢兢业业，不要总是给别人添麻烦……这些道理有错吗？没错，但是我们必须要让自己有锋芒，不能像大家说的那样，“领导没有给我们的东西，我们不能主动去要；公司没有考虑的事情，不能主动去向公司提要求”。当我们的个人利益受到无端的侵害时，一定要勇敢地指出来。当然，这就需要技巧，需要智慧，而不是撒泼打滚。职场上“爱哭”的人多了，但“会哭”才是王道。除了“表达 + 倾诉”，“哭”也是寻求帮助的一种方式。有些人觉得在职场上“哭哭啼啼”地寻求帮助是一件不光彩的事情。可今天我要告诉你的是：用“哭声”来寻求帮助，这是人类从古至今就有的本能，一点儿都不丢人。

在韩国的一个婴儿视觉悬崖实验中，为了观察妈妈和婴儿的互动，研究人员将婴儿置于带有透明玻璃的视觉悬崖旁，坐在妈妈对面，其中一组妈妈不能有任何表情，宝宝在看到妈妈之后，就扭头往回爬，丝毫不敢“跨越”悬崖。与之相对的是，另一组的妈妈表现出高兴和信任的情绪，而宝宝在看到妈妈的笑脸后，勇敢地爬了过去。家长的情绪到底对孩子有什么样的影响呢？婴儿的先天本能，就是在困难时找自己的母亲，这才能保证他们的生存，一个婴儿是不能独自生存的。许多成人在遇到突然的惊吓时会下意识地大喊，其实这是从婴儿期遗传下来的。

比如，有个男孩在院子里搬石头，爸爸在旁边鼓励他：“只要你全力以赴，一定能搬起来。”但是孩子的脸都憋红了，累得汗流浃背，石头依然纹丝不动。他对父亲说：“我尽了最大的努力，还是搬不动。”爸爸笑着说：“不，你没尽全力，我就在你身边，但你没向我求助。”表达自我，寻找帮助，也是尊重自我和接纳自我的第一步。

卡耐基曾说：“自信就是要清楚表达自己的立场，并善于表达自己的立场，你不必为自己直言相告感到歉意，你有表达自己意义的权利。”让这个世界听到你的声音，而不再是你心里的声音。人们没有义务去探索你那梦幻般的内心世界，若你不让世界知道，谁又能明白你的有趣呢？事实上，越忍受，大家就越会得寸进尺，你的谦让可能会变成步步紧逼后的妥协。

英子的独白

没有职场方法论，你只能年复一年地平庸

2006 年在千橡互动集团工作的时候，我是负责软件分发和市场拓展的业务总监。熟悉我的人都知道，我在做业务的时候是个急性子，特别喜欢实打实的来。当时，我需要向两位领导汇报，一位领导特别懂得体恤下属，一位领导总是喜欢背后搞动作。

就在我业绩做得特别好的时候，突然公司里来了一个跟我能力差不多的人，他的工作内容几乎和我的差不多。我当时特别不理解，是我做得不够好吗？于是我就去问他们，结果那个总是喜欢背后搞动作的领导说担心我业绩太好被同行挖走，安排一个人提前锻炼才不会因为我哪一天离职后团队很被动，并说这一切都是为公司考虑，希望我能理解。

两个月后，我就开始创业了。创业之后，我始终告诉我的小伙伴们必须有自己的职场方法论，必须有真本事，不然你就是案板上的鱼。后来，我将自己创业的项目卖给了金山猎豹，在那里又做了 3 年 8 个月，再后来开始创业，这一路我都始终帮助自己和小伙伴

们建立正确的、有优势的职场方法论。

现在，你可能会问，拥有自己的职场方法论对于自己而言到底有多重要呢？冯唐说：“首先，我认为长时间的努力非常重要。在平均寿命只有 40 出头的春秋战国时期，孔子就提出了‘三十而立，四十不惑，五十知天命’的说法。时至今日，这个说法依然有道理。人们大概 30 岁拥有安身立命的技能；40 岁建立起自己的价值体系，可以独立思考；50 岁看问题更全面，更淡定，更平衡。这说明，人想要取得一定的成就，需要时间的积累，时间是难以跨越的。其次，要活在当下。成功很难复制，但是把眼下的事情一件一件地做好，每件事都做得让自己满意，让别人满意，那么成功就是一个时机的问题。”

职场方法论其实比努力更重要，因为方法论决定你选择努力的方向。在北极地区销售冰丝 T 恤，在赤道地区销售加厚羽绒服，就算你拼尽了全力那结果又能如何呢？

努力决定我们的职场成就的下限，方法论决定我们的职场成就的上限。具体的职场方法论，我在这一章节已经谈了不少。如果你问我哪里还需要补充，我一定还会强调“迭代新技能，不断为公司创造价值和保持良好沟通”这三个方面。

“迭代新技能”，这其实就是你的职场方法论中必须恪守的第一条铁律。道理很直白，因为你不迭代新技能自然会被淘汰，每天闭上眼睡一觉起来，不仅仅是新的一天，你的同事、客户、竞争对手、职场环境等可能也是“新的”，而你还是“旧的”，自然会被淘汰。回望波澜壮阔的人类文明进程，从来都是新势力淘汰旧势力。所以，哪里有什么中年危机，有的只是你的不思进取。

“不断为公司创造价值”，这是你永远立足于职场的根本，但也是最低要求。有些人为什么在职场上年复一年的平庸，就是因为他们为公司创造的价值也是年复一年的没有增长。当你工作第一年和第五年所做的贡献值曲线呈一条笔直的直线时，你还好意思指责老板不给你升职加薪吗？这个世界上从来没有无缘无故的爱，更没有天上掉馅饼的事情，所以你还有什么理由不为公司创造更多的价值呢？

“保持良好的沟通”，应该是你的基本职业素养之一。你必须始终明白，人类社会的发展从来都不是靠个人英雄主义推动的，从来都是一群又一群勇敢执着且富有创造力的人，通过协作来推动的。比如，仅仅是蔡伦发明了纸就让文化的传播力度增大了吗？不是，还有发明文字的人、制造笔墨的人、发明印刷术的人，是大家协力来完成的。同样，你要想在职场上拥有不错的竞争力，就必须有很强的协作能力，而拥有很强的协作能力的基础之一就是沟通能力。良好的沟通能力，决定了一个人所能达到的职场高度。你技术很强，思路很开阔，但讲不出来或无法说服别人与你协作，那么你能做什么呢？可能一辈子只能做一个底层的执行者。

当你是一个努力又有优秀职场方法论的人时，你在职场上就具备了“良禽择木而栖”的资本和面对各种危机的“免疫力”。所以，从现在开始，你别再傻傻地埋头苦干了，抬起头看看远方，不断优化自己的职场方法论，才能让苦干结出丰硕的果实。

2020 年 11 月写于广西

Chapter 7

创业篇

人生最少要创业一次

创业注定是一条如履薄冰之路，但为什么有那么多人前赴后继呢？有人说，年轻就应该尝试去闯荡，即便不成功，此生也没有遗憾。也有人说，创业就是一场追逐梦想的旅程，而没有为梦想奋斗过的人和咸鱼有什么区别呢？还有人说，创业就是不屈服于命运的安排，你想掌控自己的人生，就不能把时间以每个工作日八小时的价格打包出售。

我想说的是：创业是你兴趣的延展，会让你收获一个有趣的灵魂；创业是你对生活的理解，你比别人理解得更通透，你的创业资本就越大；创业是你对未来趋势的精准预测，是从 0 到 1 的神奇创造；创业是你整合能力的体现，能不能实现一次成功的创业，不是比资源多寡，而是比资源的整合能力；

所以，创业的魅力在于能够拓展你的人生边界，让你这一生拥有更高的高度和更宽的宽度。人生至少创业一次，哪怕失败了也值得，至少你知道了自己人生的边界在哪里。

我出生在北京，但也是一名“北漂”

看到这个标题的你是不是有些“无法理解”，甚至将书又翻到最前面看了一下我的开篇。是的，我在一开篇就写到，我出生于沈阳一个知识分子家庭。可现在，这一节的标题竟然说我出生在北京。

我的出生地确实是北京，就在北京同仁医院。我出生一个月后，刚出月子的母亲就买了一张硬座火车票带我回到了辽宁的矿区里，然后我就在无尽的稻田、宽广的柴河、鹅毛般的大雪、星河漫天的夜空等优美的景致中长大。

写到这里，我想起了很多年前的一件事情。当时我去办理护照的时候，需要填写出生地，我犹豫了一下据实写了北京。

结果提交的时候被工作人员直接把申请表扔了出来，对方一脸鄙夷地说道：“该写哪儿写哪儿。”我当时特别生气，张口就想问一句：“北京同仁医院不是在北京吗？”但话到嘴边又被我硬生生地咽了回去，因为我突然觉得没有必要跟这样的人争执，除了浪费时间和更生气，还能换来什么样的结果，我的出生地在不在北京又有多重要呢？

工作后我也是一名不折不扣的“北漂”，每天早出晚归，忙得没有周末，忙得没有规律的饮食，忙得每天看着镜子里的自己渐渐变得圆润，却没有时间去运动……但那时候的每一天，我都相信自己总有一天会在北京这座城市里安家立业。

所幸，现在的我没有让曾经的自己失望。通过一次又一次的创业，我已经不再是一名“北漂”，我在北京生了根也发了芽，现在虽然没有长成可以为一方土地提供荫凉的参天大树，但每天都在茁壮成长，很多来来往往的朋友、伙伴都可以在累的时候扶着我歇歇脚，或者与我一起成长。我没有辜负一直以来那么努力的自己，没有辜负那个也和你一样“北漂”过的自己。

今天，我要告诉你的是：“北漂”“沪漂”“深漂”等一线城市的“漂”其实就是创业的开始，因为在我看来“漂”也是人生的一种创业。当你摆脱老家的舒适区，敢于到北京、上海、深圳、广州这样的一线城市来打拼的时候，你已经比周围很多年轻人勇敢多了，而且你成功的概率也因为你的这一决定而增加了许多。这是为什么呢？道理其实很简单。在老家小城市、小县城里，生活圈子本身就是一个不折不扣的“人情江湖”。如果你的家庭在这个圈子里没有太多深厚的资源，你要选择在“人情江湖”里闯出一条路，其难度可能要比“北漂”“沪漂”“深漂”大得多。因为相比小城市、小县城，北京、上海、深圳、广州等这样的一线城市起码有这样几个优点：

第一，这里有你想要的“公平和开放”。

大城市真正意味着什么呢？纵观全世界的大城市，几乎都意味更多的包容性，更多元的发展趋势，更丰富的机遇，而这些都是建立在更公平和更开放的基础之上的。城市的发展就像人一样，你为人处事公平又讲诚信，还很乐意张开怀抱去与更多的人合作，那么你的发展潜力一定比其他人更大。相比之下，小城市、小县城就显得较为闭塞，想要获得一个工作岗位可能要各种关系跑一圈才行。可是在北京等一线城市呢？不论你是去阿里巴巴、美团、字节跳动、百度等互联网头部企业，还是去一些实力不是很大的创业公司，只要你有实力，就能获得工作机会。同样，选择在一线城市创业，你获得的各项资源与身边大多数普通创业者一样都是均等的，大家一开始就在同一起跑线上，不会有人以犯规作弊的方式直接让你输在起跑线上。

第二，一线城市有着更为丰富的资源。

我觉得这一点根本不用多讲大家就能理解，就好比我们考大学的时候为什么选择去大城市读书呢？为什么清华大学、北京大学、复旦大学、中国人民大学这些高校都在一线城市呢？因为近水楼台先得月啊！举个例子，在“自媒体经济”发展得如火如荼时，发展得好的“头部自媒体 KOL”几乎百分之八十都是在一线城市。再往前看，“移动互联网”等经济浪潮是不是在一线城市发生的呢？再往前几百年，开启人类社会文明科技新纪元的工业革命是不是也是从英国、法国这些当时的“一线国家”开始呢？

所以，对于我们大多数出身普通的创业者来说，选择去大城市应该是你开始创业的第一步。接触资源，积累资源，最后让资源成为你的创业资本。

第三，这里能够给你更大的创业格局。

先问一个问题：中国人的幸福感来自哪里？其实用一句特别真实的老话来回答特别贴切，那就是“三十亩地一头牛，老婆孩子热炕头”。这句话用当下的语言“翻译”过来就是实现财务自由。不夸张地说，很多人创业的目的就是实现这一理想，因为依靠工资性收入基本上很难实现财务自由。可是，如果你将创业的目的仅仅定位在财务自由上，那么你很可能会一直处于失败状态，因为你的格局太小了。

创业必须要有格局，因为格局是决定创业结果的核心因素之一。有一句民间谚语说得好，“再大的烙饼也大不过烙它的那口锅”。如果说创业就是烙大饼的话，那么你想要多大的饼就必须先有一口更大的锅，而很多时候我们的格局就是这口锅。马云创业的时候能够以500元的月薪请来当时在美国华尔街年薪百万美金的蔡崇信，而且仅仅是有过几次面谈，可见马云的格局有多大。作为一个创业者，国内的创投圈子我非常熟悉，和很多的投资人士也有过深入的交流，也从他们那里拿到过很多笔重量级投资。他们在投资的时候看重的是什么呢？就是创业者的格局，如果你的创业赛道不错，但格局不够，他们往往不会投资你，因为投资讲的就是回报率，而你的格局决定了回报率的高低。

奇虎360的创始人周鸿祎，以前在方正科技做过程序员，做过雅虎中国总裁。有人问他：“在雅虎中国做CEO与在360公司做CEO，感觉有什么不同？”他说：“在雅虎中国做CEO，只是作为一个“打工皇帝”，需要从角色思考问题”，按照套路出牌，把局面维持好就行，不用冒险，不会去想越界的事。在360公司做CEO，则需要升高认知维度，从问题思考角色定位，不一定按套路出牌。”所以，创业选择来到一线等经济发达城市，你的创业格局就会被成倍放大。你可以看到与你同一赛道的创业者是怎么描述未来的，你可以更清晰地看到你的创业赛道的通畅性和趋势性，你可以知道如何借助资本的力量改变当下的创业困境，你的商业模式更容易接受有效的检验等，会让你看得更远，让你不再是一个“温饱意识”的创业者。

如果此时此刻翻开这本书的你，就是一名“北漂”“沪漂”“深漂”的创业者，那么我要告诉你的是必须耐得住寂寞与孤独。你可能会说，为什么不告诉我创业的各种干货和方法心得，而是要先强调这种心态的问题呢？干货和心得后面再讲，但是心态必须是一开始就要强调的，因为这是创业开头的第一课。

所谓耐得住寂寞与孤独，第一就是要劝你不要急功近利。

创业是一件什么样的事情呢？是九死一生的事情。十个创业者中有九个会失败，而且每个创业者也不是一次就成功的。成功的幸运儿只有那一个。所以，当你抱着急功近利的心态去创业的时候，你必然是失败得最快的那一个。有句话说得好，“耐得住寂寞的意义在于：安静躁动的心灵，安抚狂乱的灵魂，把无休无止无尽头的欲望归于有价值有意义的地方。”

对于创业者来说什么是有价值有意义的地方？我的答案是决策。一个创业公司什么成本最高？一定是决策成本最高。在一个公司里，员工和高管考虑的是 KPI，而 CEO 考虑的是怎么做决策和做什么样的决策，因为决策定生死。所以，你在急功近利的心态中做出的决策一定是对公司不利的，也有很大可能会导致创业失败。成功的创业者应该拥有什么心态呢？“长线心态”。做事情时不会太考虑眼前，注重战略的高度和产品的品质。

所谓耐得住寂寞与孤独，第二就是坚持自己的创业初衷。

我们先听这样一个幽默却又有深意的创业故事：一对新婚夫妇背井离乡去省城创业，考察了一大圈后，觉得还是做早餐生意稳当一些，毕竟丈夫是一名厨师，妻子也在饭店工作过好多年。重要的是，他们发现在一个濒临郊区的地铁口竟然没有早餐店，真是浪费这么好的地段了，等以后人流量大了就没有机会了。于是，他们就开始琢磨是在这里开个早餐店，还是开一个简单的流动煎饼摊。两口子整整商量了一个月，经过无数次争辩之后，最后这对新婚夫妇的店面终于开业了，经营的项目是“共享雨伞”。为什么不是早餐店呢？因为他们觉得人流量这么大，如果碰见下雨天租借雨伞，那这生意肯定好呀，谁会天天出门带着伞呢？雨下得那么大谁会讨价还价呢？以“共享”之名行“租赁”之实，还能收取大笔的押金，再用押金在附近开早餐店、游乐场、咖啡馆等，简直是个特别厉害的创业项目呀。可是，这对夫妇的“共享雨伞”项目仅仅坚持了几个月就倒闭了，因为这一年老天爷特别不照顾他们，从他们开业到停业一滴雨都没有下过。

这对夫妻创业失败，真的是怪老天爷不下雨吗？你肯定会抢着回答：明明最好的选择就是卖早餐啊，因为他们的核心竞争力就是餐饮的相关技能和经验。是的，我劝你耐得住寂寞与孤独，不要忘记自己的创业初衷，并不是反对你追求变化，而是反对你丢掉自己的核心竞争力后盲目去追求变化。创业项目可以多元化，但绝对不能因为走得太远，而忘了凭什么能走到今天。

所谓耐得住寂寞与孤独，第三就是你要能吃苦。

很多人看到这里可能会说，我住过北京的地下室，看过上海凌晨四点的夜空，吃过深圳热气腾腾的路边摊，我还有什么苦吃不了呢？

创业的苦你可能真的吃不下。创业的苦不仅仅是体力、吃穿等方面的苦，它更多的是对一个人的承压能力的折磨。有很多人没见过几次甲方的刻薄嘴脸，没体验过几次乙方的辛酸与卑微就倒下了。也有很多人的意气风发被水电费、员工工资等消磨得一干二净，甚至狼狈不堪。这样的苦，通常都是那种让你夜里睡不着、白天吃不好的苦，劳力更劳心。

因此，当你决定要创业的时候，必须听我一句劝，吃不了创业的苦，就不要轻易尝试。而一旦你下定决心，你就必须坚持下去。经济学领域有个专业名词叫作“资源诅咒”。这是什么意思呢？就是说像俄罗斯、沙特、巴西等国家是特别容易赚钱的国家，因为这些国家的资源比较丰富；而像韩国、日本、以色列、芬兰等这样资源不丰富的国家，经济和科研实力却比其他国家更发达。为什么呢？其中一个重要原因就是穷人家的孩子早当家。这些资源不丰富的国家的人特别能吃苦，特别能钻研，结果他们就后来居上，并且经济、文化等各项实力水平比那些资源丰富的国家还要高。

所以，如果你的创业不是那种各种资源一把抓的“富二代创业”，那么你就该多领悟一下“资源诅咒”背后的意义。耐得住寂寞与孤独，其实就是创业路上最大的“苦”，你吃得了这份苦，才能成为出色的创业者。

创业
就是解决问题

创业成功的核心因素一定是你拥有了解决某项社会问题的能力。比如，比尔·盖茨的成功是因为他成功地解决了人们使用计算机时“简单易上手”的问题；乔布斯的成功是因为他推出的 iPhone 解决了一个人人都需要解决的“现实问题”，即如何让手机成为一个功能更丰富的生活工具；马云的成功则更为直观，因为他“让天下没有难做的生意”这一“历史痛点问题”得到有效的解决。

所谓的创业风口也好，时代创业红利也罢，本质上都是新产生的社会需求被高效解决了。而你如果想让自己站上时代的潮头浪尖，成为一名“创业新贵”，那么你一定要认真审视自己，你是不是具有了很强的解决问题的能力。

硅谷较早一批的互联网先驱人物，被马克·扎克伯格称为“我们这些硅谷年轻企业家的管理导师”的本·霍洛维茨，在他畅销全球的《创业维艰》一书中就强调，一个优秀的创业者的本质任务就是找出问题的解决办法。书中这样写道：

当我正试图将 Loudcloud 公司的部分业务，即云计算服务卖掉时，我和比尔·坎贝尔见了一面，告诉他这笔交易的最新进展情况。这笔交易至关重要，如果没有它，我的公司肯定会破产。

我认真并简要地向他介绍了我们和两家有收购意向的公司的洽谈情况，比尔停顿了一下，看着我说：“本，除了继续进行这项交易，你还要和你的法律顾问做好这样的准备：公司可能会破产。”在旁人看来，比尔似乎在劝我制订一个应急计划。而他的声音和眼神也告诉我，应急计划才是我们真正要考虑的计划。

这场谈话让我想起了一个朋友给我讲的一个故事，这个故事是关于他的弟弟——一个年轻的医生的。一名 35 岁的男子来找我朋友的弟弟看病。他看起来状态非常糟糕，眼神空洞，皮肤灰白。年轻的医生知道这名男子病情严重，却搞不清楚是什么病，于是找了一名年长些的同事来帮忙诊断病情。较有经验的医生在给病人检查之后，就打发病人回家了。接着，他转身对年轻的医生说："他已经死了。"年轻的医生大吃一惊："你说什么？他明明刚从这儿走出去？"年长些的医生回答说："他还不知道自己死定了。他有心脏病，这个年纪如果得了心脏病，身体就很难恢复，他死定了。"三个星期之后，那位病人真的死了。

我觉得比尔是在告诉我，虽然我在四处奔走，竭尽全力地想促成交易，但我已经死了，只是我自己还不知道而已。对他而言，说出这番话是件非常困难的事，只有最好的朋友才会鼓足勇气，将这样可怕的消息告诉我。对我而言，听这番话更痛苦。他说这番话的目的是：面对逃脱不掉的破产厄运，我要在情感上先做好准备，在财务上让公司做好准备。在技术行业遭逢寒流期间，要达成一笔能够挽救公司的破产绝境的交易的概率接近于零。最有可能的结果是，我死了。

我从未制订那个应急计划。通过看似不可能的C轮投资和首次公开募股过程，我学到了一条重要的经验：创业公司的CEO不应该计算成功的概率。在创建公司时，你必须坚信，任何问题都有一个解决办法。而你的任务就是找出解决办法，无论这一概率是十分之九，还是千分之一，你的任务始终不变。

看到这里，你是不是会由衷感慨道：为什么自己会一次次创业失败呢？关键就是不具有解决问题的能力，在每次坎坷面前找不到解决办法。

创业者如何拥有很强的解决问题的能力呢？我想这应该是一个像孙悟空在太上老君的八卦炉里被六丁神火淬炼七七四十九日的过程，直到你成为一个“常败将军”的时候，你基本上就拥有了解决问题的能力。你踩的坑多了，自然就知道怎么走能避开那些坑了。当然，这个办法确实不是一个特别好的办法，而且前提是你经历了足够多的挫折之后依然还有资本有毅力继续坚持下去。那么有没有好的办法让你能够拥有解决问题的能力呢？有，我来说说我的经历和心得。

第一，不要盲目去创业。

很多人看到这句话的时候可能会笑，谁愿意拿着钱和精力去盲目做一件事情呢？哪一个创业者在投入之前不是前后思量、认真调研呢？我想问你的是，认真调研就不是盲目创业了吗？大家创业的时候都会认真调研，可是你认真调研过自己吗？网上有过这样一则新闻：一对年轻夫妻创业开了一家早餐店，开了不到一个月就倒闭了，原因竟然是两口子早上起不来床。放眼全中国，每天早上有多少对夫妻凌晨三四点钟就起床出早餐摊，他们中间有多少人因为卖早餐而赔钱的？我相信赔钱的人肯定是少数，顶多赔了力气不赚钱。这对夫妻肯定在开早餐店之前就调研过，这个投入基本上没什么风险，但是他们没有想到风险竟然是他们自己。在近几年风起云涌的创业大潮中，还涌现出了 00 后创业者，各大媒体纷纷跟进报道，比如“某‘00后’创业新贵轻松融资数千万”的新闻，但是结果呢？一地鸡毛。所以我总是劝身边的年轻人不要轻易创业，你什么时候真正知道你能做什么了，再创业不迟。

第二，在工作中积累创业经验和创业资本。

这个世界上有很多厉害的人，比尔·盖茨大学没有毕业就创立了微软，马克·扎克伯格在读大学期间创立了 Facebook。可是你也能像他们一样吗？我劝你一定要相信，盖茨和扎克伯格的成功比你中 500 万大奖都难，而你中 500 万大奖的概率有多高呢？你我皆凡人，都是需要在工作中积累创业经验和创业资本的。在大学毕业的时候，我并没有凭借自己上学期间积累的各种工作经验去创业，而是选择了踏踏实实上班，一路从基层员工做到销售总监、总经理、股东，直到我认为自己到了该创业的时候才去创业的，也正是因为这样，我有更好的市场预判，有更强的谈判技巧，有足够凝聚团队的气场，有丰富的人脉资源，最终才取得今天的成绩。

第三，不要总是听成功者的话。

你知道什么叫作幸存者偏差吗？当第二次世界大战的硝烟弥漫至 1941 年的时候，随着大量战斗机被击落，飞行员的殒命，美国哥伦比亚大学的统计学教授亚伯拉罕·瓦尔德教授接受军方的邀请，从统计学的角度开始研究空战，最终递交了《飞机应该如何加强防护，才能降低被炮火击落的概率》这样一篇重磅论文。

瓦尔德教授在这篇论文中指出，在对联军的战斗机进行大量的统计研究之后发现：机翼是最容易被击中的位置之一，机尾则是最少被击中的位置之一。所以，他给出的结论是“我们应该强化机尾的防护”。瓦尔德的结论受到了军方的严重质疑，因为统计的结果都是机翼容易被击中，为什么不去增加机翼的防护而是要增加机尾的防护呢？瓦尔德坚持自己的判断，他给出的理由是：因为我们统计到的样本都是返航回来的飞机，他们都是战场上的幸存者，所以统计结论会使我们认为机翼受损严重更应该得到防护。但反过来看呢？是不是机尾被击中后根本就没有生还的可能呢？而那些因为机翼受损返航的飞机，都是引擎还可以继续运转。

最后美国军方听从了瓦尔德的建议，对战斗机的机尾增强防护，结果证明这一决策是正确的，在后来的空战中，加强的机尾防护的战斗机在尾部受伤的情况下也有机会安全返航，原来看不见的伤害很可能是致命伤。这就是幸存者偏差这一概念的来源。

所以，你现在应该明白我为什么讲幸存者偏差这个概念了吧，我要告诉你的是：要让自己成为一名解决问题能力很强的创业者，你在知识和技能储备的过程中，不能总是听那些创业成功者的话，因为这中间存在幸存者偏差。你应该懂得兼听则明的道理，不要迷信创业成功者的话，也不要轻视创业失败者的肺腑之言，博采众长才是你不断提升自己的关键。

第四，让自己拥有聪明的“闪避”技巧。

创业是一个不断“填坑”的过程，你解决问题的能力就像一把铁锹，它可以帮助你将各种坑填好。世界上任何事从来不会十全十美，你创业的旅途中总有很多的坑是你填不上的，填不上怎么办？绕开走。你开车出门遇见修路或塌方，你就一直等着路通了再走吗？换条路不就解决了吗？如果只有一条路，那就退回去，连退路都没有的时候就等待救援。

在创业路上，没有谁能够完全拥有解决各种问题的能力，因为这个世界上没有无所不通的“全才”。因此，遇见问题的时候，你懂得怎么“闪避”很重要。我的经验有两个：一个是“君子不立于危坑之前”，有些风险明明近在眼前，可总有人心存侥幸觉得自己能躲过或扛住，那你真的是太天真了，风险往往是看不见边界的，有些你看起来很小的风险也有可能爆发出核武器的威力，所以离风险远一些不好吗？另一个就是“丢车保帅”，如果有些“坑”是实在躲不掉的，那么把损失降到最小，必要的时候丢掉一些成绩换回卷土重来的机会更重要，也更有实际意义。

创业
就是要选好赛道

在创业这条布满荆棘的道路上，你耐得住寂寞与孤独，也拥有了解决问题的能力，事业格局也不小，可为什么总是屡屡失败呢？我认为可能是在关键问题上出了错，那就是没有选好赛道。

曾有人将创业比作打井，我觉得还是比较贴切的。创业就像挖一口井，你在水量充沛的地方打一口井，可能只需要挖2米深就能出水，而且水口感甘甜好喝。可如果你去贫瘠的土地里打一口井，挖了20米深才出水，水却苦涩难喝，吃了足够多的苦，也付出了足够多的精力和资源，结果难以令人满意。

所以，在创业时选一条好的赛道尤为关键。

我在创业历程中做过很多的尝试，做过鱼乐虫、木马清理王、优化大师、安兔兔、数字 105 商城、网络电视等很多产品，切进过很多的赛道，最终能够做成这其中的很多产品的一个重要原因就是我选对了赛道——优化大师，它帮助无数电脑小白有效地了解自己的计算机软硬件信息，简化操作系统设置步骤，提升计算机运行效率，清理系统运行时产生的垃圾，修复系统故障及安全漏洞，维护系统的正常运转；安兔兔则是这个智能手机全民普及时代里非常权威的一款测评软件，不但被手机企业在新机发布会上屡屡提到，而且让用户对自己的手机有了非常清晰的了解。

选择好的赛道，本身就是一种“逆势”的表现，因为这决定了你以后的创业形势在相同条件下不会比别人差。

那么，我们究竟该怎么选择自己的创业赛道呢？我觉得主要看两点：赛道的天花板有多高，创业者是否和赛道高度匹配。创业看赛道的天花板有多高，这个非常重要。因为不好的行业的第一名可能比不上好行业的第十名。就拿中国电商圈子两家老牌公司当当网和京东来说，贵为图书行业第一销售渠道的当当网，当年也是做家电等产品起家的京东无法望其项背的，可是在后来的发展过程中，两家企业却走上截然不同的道路，坚守图书行业的当当网早就退出了中国电商公司的第一梯队，目前用“十八线梯队”来形容可能也不过分。这是为什么呢？其中一个重要的原因就是赛道不同。2020 年全国图书零售市场码洋规模为 970.8 亿元，而中国的家电等大消费市场总规模是以万亿元为计算单位的。看一下这两者之间的差距，你就知道原因了。

所以创业赛道的天花板有多高尤为重要。而判断创业赛道的天花板高低的因素，主要是看目标人群有多少，产业格局是不是支持你能够成规模的复制，规模复制的成本优势有多大。我觉得只要这三个主要因素没问题，那么你选择的创业赛道的天花板就足够高。

创业者是否和赛道高度匹配。我觉得衡量的标准也有两个：一个是你的行业资源是否足够丰富，从人脉到供应商资源等是不是足够丰富；另外一个就是你个人的创业逻辑是否与赛道匹配。有些人在一个行业里做了很多年，各项资源都很丰富，但却只能做高管而不能创业，或者一创业就失败，就是因为他的创业逻辑与这个赛道不匹配。这方面有很多典型的例子，比如近些年来“手机市场创业浪潮”中，在小米、一加等互联网手机企业崛起的同时，也有很多互联网巨头企业加入其中，以他们的技术、资本和市场拓展能力，感觉也是可以成为一支优秀的竞争力量，可最终的结果呢？很大一批跑进这个赛道的互联网公司在扔了数以亿计的创业资金后铩羽而归。认真总结一下，就是创业者的创业逻辑和这个赛道不匹配。有人为手机企业的崛起而努力，有人为了踩上风口的红利分一杯羹而创业，逻辑与格局的高低导致结果完全不一样。

选好了适合自己的创业赛道，预示着你已经有了一个成功的开始。可是，当你踏上这条赛道的时候，我还要告诉你的是：你已经踏上了一个不容有些许懈怠的生命旅程，这里如同恩怨仇杀的武侠世界，高手迭出，纷争不断，你需要谨记的就是“天下武功唯快不破”。

我有一个同事之前是做出版的。有一年，他们公司签的一位作家获得了某项国际大奖。消息传来之际，他们立即做了一个决定，连夜去联系印厂投入印刷，以最快的速度向各个销售渠道铺货。为什么这么着急呢？因为那位作家已经沉寂了一段时间了，虽然作品每年还有不错的销量，但已经不属于“爆品”了。而且还有一个重要的原因，这位作家的部分版权也授权给了另外一家出版社。

为了抢占这个销售周期，他们公司所有编辑、发行等人员连续奋战一个月，该作家的当月销售码洋就排进了图书市场前十位。反观另外一家竞争对手，其一个月后才设计出新的封面，两个月后才推出来，结果最佳销售期已过。

我的那位同事后来说：“真不敢想象，对方竟然那么慢，这种节骨眼上还需要重新设计排版吗？可能他们觉得新版本的包装更精美才会吸引读者，价格也能定得更高，利润也提高不少吧，可市场不等你。”

在创立百宝公司的过程中，我们一开始动作就比别人快，在“小小包麻麻”这个微信公众号的增长量级排进母婴类排行榜上端的时候，我们同时建立自己的选品、仓储等机制并自研电商系统，这吸引了十余位百万级的自媒体大号加入，成为我们百宝的成员，市场影响力在母婴自媒体领域里占据领袖地位。很多的同类自媒体公司还在苦苦开拓新的边界时，我们已经成为很多商品品类公司争相合作的伙伴，一本新书在我们这里开团几个小时能够突破万册，一款妈妈魔术裤能够轻松卖出几万条，用户总量数千万，这些实打实的成绩就是因为我们更能抢占先机。

当然，快并不是万能的，而且不能为了快而快。创业追求快的同时，还应该有另外一个字时刻牢记心间，那就是稳。听到这里，你是不是觉得有点儿不对头，不是要快吗？又要快还要稳，那能做到吗？肯定能做到。

在百宝公司快速发展的时候，商品的品类拓展很快，图书、日用品、美妆、玩具、食品等大类的销量快速增长，这个时候我们是怎么做到稳的呢？就简单说两点，选品会机制和 30 天无理由退货机制。百宝公司从创业一开始，就坚持创始人亲自选品。我的创业伙伴包妈，从开始到现在坚持自己亲自试用测评，用心给用户挑选好产品。到最后，很多用户留言说闭着眼睛买包妈选的产品都不会买错。

现在的电商基本上都是 7 天无理由退换货，但是我们却是 30 天无理由退换货。当时我们决定推出这一售后政策的时候，也承受了较大的压力，30 天无理由退换货这个怎么能承担得起呢？但是，我们相信用户，用户也相信我们，这个售后政策已经执行了四年多了，真正那种占小便宜的用户也不是没有，但确实很少，一年也遇不到几个。

什么是快？什么是稳？快就是你抢占市场抢占风口的动作要快，稳就是狠抓质量和服务的态度不能懈怠。当你真正做到这两点的时候，你还会成为自己创业赛道上的失意者吗？

找对合伙人
才是成功的保障

都说创业就是自己挑起的一场战争，是和平年代每个有梦想的人执着的追求。我非常同意这个说法，因为创业和战争比较像。商场如战场，从来都不是一个人的游戏，而是一群人你死我活的纷争，在这一场接一场且看不到尽头的竞争较量中，最关键的制胜因素之一就是你可以把你的后背放心地交给谁，谁能够与你一起冲一起扛，战斗力强的团队是由一群彼此信任且生死与共的人组成的。

所以，在创业的时候，找对合伙人才是取得成功的最大保障之一。

《中国合伙人》这部电影给了我很大的启示。一个在中国大学体制内混不下去的“农村知识青年”成东青，一个在美国逐渐丢失了梦想与生活的落魄户孟晓骏，还有一个整天瞎晃悠的王阳。他们的性格迥异，出身阶层也完全不同，唯一的共同点就是同一所大学的老同学。但就是这样三位看上去差异很大的年轻人，最后却摒弃了各种不同观念，拧成了一股绳，成功打造出一个上市企业。合伙人之间需要的是什么？就是在彼此信任的基础上求同存异，然后肩并肩向着同一个梦想一路冲过去。

我认为这部电影精彩的部分莫属邓超饰演的孟晓骏在美国餐厅里对着两位老同学坦白，自己并不是他们眼中那个在美国取得不错成绩的成功人士，而是在这个餐厅里做一个连小费都不能拿的勤杂工。孟晓骏为什么坚持新梦想必须上市？他的目的很直接，就是要让自己创业的公司在美国的股市上市，让那些曾经看不起他的美国人也知道自己并不是一个失败者。黄晓明饰演的成东青也终于知道自己的老同学需要的是什么，最终，他们选择互相成就，让新梦想的上市钟声响彻美国股市。因此，寻找合作人的本质就是找到能够彼此成就的人。

在这些年的创业历程中，我前后搭档过很多位优秀的合伙人，也正是他们让我一步一步地走到了今天。现在认真回顾一下我们一起打拼的那些时光，他们留给我的印象还是他们优秀的合伙人特质。所以，如果你现在要找创业合伙人，那么就看看我的“合伙人攻略”吧。

第一，合伙人必须是三观一致的人。

能找到三观一致的对象是前世修来的福气，那么找到一个三观一致的合伙人呢？我会说这可能是在佛前求了五百年才有的结果。

地产商冯仑就说：“我们创业相当于人生，我个人觉得更像女人的人生，不像男人的人生。我们老说投资的事要用女人思维，不能用男人思维。什么意思？比如你看《非诚勿扰》这种相亲节目，都是女的挑男的，因为女的正经认真，一见到男的，就把这事与终身大事联系起来。所以选合作伙伴特别认真。但是我们折腾了很多男性思维，总是说先做了再说，这个回头再说吧，该结婚就结婚，所以这个是不一样的。所谓终身大事就是要求我们过去讲的价值观、性格、出身、背景和身体情况各方面都挡得住终身这个层面，所以这是选合作伙伴非常重要的一方面。”

在创业之时，忌讳的是能满足一方面的需求而硬着头皮拉一个三观不一致的人入伙，不但导致团队不够团结，一遇见困难就是“大难临头各自飞”的状态。而且更严重的会导致企业远景和价值观出现问题，尤其是在企业做大的时候，因为价值观不一样导致立场也不一样，就使得公司里出现“站队”或“占山头”的现象，给企业的发展带来很大的不利影响。

第二，合伙人必须是强力补充，不是哥们义气。

创业团队并不是兄弟们一起创业，而是“最佳的拼图关系”比较好。举个简单的例子，水泊梁山的 108 个兄弟为什么会创业失败，因为都以“兄弟义气”为先，而不是以“团队利益”为先。宋江接受招安的时候，很多兄弟明里暗里不满意，可是在“义气当先”的团队价值观面前，只能奔赴千里去江南征讨方腊，最终整个团队避无可避地遭到了覆灭。

合伙人之间的关系应该是什么样的呢？一定不是兄弟关系，而是战友关系，为什么这么说呢？因为战友首先是战士，都是在一个集体中听从命令，为了一致的目标拼命行动的人，执行命令完成任务是第一位的，兄弟义气才是排在第二位的。

所以，合伙人必须是强力补充，就像一个战斗小组有爆破手、突击手、观察哨、狙击手，每个人都要负责一方面。如果你只讲兄弟义气，一个创业团队里都是突击手或爆破手，或因为兄弟义气而多了观察哨少了狙击手，这样就会为创业团队的发展埋下巨大的隐患。

创业本来就是一件高风险的事情，所以合伙人之间都是互补的，重叠有时候不会产生 1+1>2 的作用，但是互补肯定会。

第三，合伙人必须是拥有很强学习能力的人。

为什么要突出合伙人的学习能力呢？因为你的合伙人的学习能力跟不上，他能跟得上团队的发展吗？木桶效应大家都知道吧。一只木桶能盛多少水，并不取决于最长的那块木板，而是取决于最短的那块木板。同样，任何一个组织可能面临的一个共同问题，即构成组织的各个部分往往是优劣不齐的，而劣势部分往往决定整个组织的水平。试想一下，当你的企业已经到了融资 A 轮的阶段，而你的合伙人还是天使轮的水准，结果可想而知。

另外，学习能力强的合伙人，他们的拼搏奋斗精神也很强，他们会是团队中较为强大的引擎之一，让团队始终动力十足。而且，他们的努力也会深深地影响你和整个团队，让大家一直保持向前冲的姿态。

第四，合伙人必须是人品好且懂规矩的人。

这一条写出来，肯定有人会说，这不是大家都会考虑的吗？谁会犯这个错误呢？真实情况恰恰不是这样的。我见过很多创业团队的失败，他们当中人品有问题的人有吗？有，数量绝对不算多。可是，不懂规矩的人却很多。

你可能又会说，不懂规矩不就是人品不好吗？很多人都是诚实守信善良正直，但规则意识不强，你能说他们人品不好吗？比如，你的合伙人什么都很好，但是管理中总是有意无意地越级指挥，你能说他人品不好吗？

所以，合伙人必须是人品好且懂规矩的人，因为这样大家工作起来更容易互相理解，不会有各种无谓的冲突。如果你总是需要教合伙人规矩，就要准备面对悲剧性的结局。

重要的是，因为人品好且懂规矩，即便是因为后期的路线问题而选择各自前行，日后也是朋友，因为大家都明白这个世界是有规则的，创业是创业，朋友是朋友，不会到时候连朋友都做不成，甚至反目成仇。

第五，合伙人应该有一定的沟通能力。

合伙人应该具备一定的沟通能力，而不是优秀的沟通能力，因为不是每个人都具备。

强调一定，其实也是设定了一个标准。因为具备了一定的沟通能力，才不会出现沟通不畅的情况。同时，也因为具备了一定的沟通能力，对方不会在面对投资人、客户、供应商等人时给团队拉低印象分。当然，如果你的合伙人能力超级强但就是不太会沟通，那也没关系，毕竟这个世界上真正厉害的人很少。

我相信，通过这 5 条“合伙人攻略”，你肯定能选到合适的合伙人。合伙人，聚是一团火，散是满天星，这应该就是最好的合伙状态。

一位 创业女兵的自白

阅读完这一章的前面几节，你是不是有这样的疑问：讲了这么多的职场心得，但还是不清楚你的创业历程，能再清晰一些吗？虽然我一度犹豫要不要写太多的自身经历，可是有经历才有印证，我所写的都是我从过去经历中得来的。那么，就让我来自白一下吧。

（一）从 VCD 到互联网：超级解霸

估计从 PC 互联网时代过来的职场老兵们还记得超级解霸这款软件。想当年，这款软件可是鼎鼎大名，在 PC 机上播放电影，那必须用超级解霸。在那个软件、硬件都不发达的年代，电脑的运算能力是达不到播放 VCD 要求的，这就需要使用解压卡这种硬件来辅助才可以。随着 Intel 公司发布奔腾处理器，电脑算力增加，使用软件替代解压卡工作成为可能。这个时候以梁肇新先生为主开发的金山影霸软件应运而生，颇受欢迎。后来，梁老板开始创业，成立了北京世纪豪杰计算机技术有限公司，核心产品就是借着 DVD 时代东风应运而生的超级解霸。当时市面上有多款解压软件，但产品逻辑很死板，国内用户有两个痛点：一是光碟质量极差，播放经常卡住，严重影响观看情绪；二是当时大家都不富裕，电脑配置普遍偏低，想看 DVD，但大多数电脑无法流畅播放。超级解霸在产品设计和技术上就是一招鲜，专治之前播放软件产品设计上的死脑筋，总之，流畅第一，其他的靠边站。于是大受市场欢迎。

最初，我在超级解霸做前端程序。刚刚毕业一年多的我，总是想多做一些事情。后来，超级解霸正好有个机会，就是做神舟电脑的多媒体中心，我来担任产品负责人，同时我也参与了当年的美达光驱捆绑豪杰超级解霸的项目。由于业绩突出，负责的事情也多了起来，经常要往深圳跑，因为那边有很多的 PC 电脑制造商和配件商，豪杰也正在给兴起的 MP3、MP4 等播放器捆绑硬件并提供解决方案。时间不长，我就成了豪杰 V8 的总负责人。

一晃到了 2005 年，出差回来时我见了一位来豪杰拜访的客户，他叫颜虎，是 CNNIC 的项目负责人。他说如果我们愿意将一个 CNNIC 的客户端软件捆绑到豪杰超级解霸上，可以安装一个给 7 分钱。当时我很震惊，豪杰解霸给用户用，OEM（原始设备制造商）卖一个最低也要 2.5 元，怎么这个可以查询网址的软件工具上来就白送，而且还要给我们钱呢？这个事情对我刺激挺大，颜虎是清华大学的高才生，那时候我几乎天天在 QQ 上问他，是不是后期会找我们要钱。他耐心地向我解释，只要用户量够大，工具是有价值的。我很感兴趣，彼时我还看过一篇报道，网易的用户量很大，赔了很多钱，丁磊老师看了看赔钱的数据，就和团队出去庆祝。这类事情虽然不免是“源于生活且高于生活”的艺术加工，但仍然值得我深深思考，看样子是时代变了。显而易见，互联网会改变我们每个行业，甚至是每个人。我想我应该研究互联网，播放 DVD 这个事情一定不是未来，将 DVD 播放器捆绑到光驱里的这种按照授权收费的生意更不是未来。做一个能装到千家万户的电脑中，充分利用互联网的优势，遵循互联网精神的软件产品，才是一个可能抓住时代红利的事情。

（二）抱着金饭碗要饭：Windows 优化大师

有了想法不去执行，那么永远就只是空想。当我有了抓住时代红利的想法后，恰好有一个朋友找到了我。他叫鲁锦，非常优秀，白天在银行上班，晚上回家后还做了一款 PC 优化软件，这就是后来火遍大江南北的 Windows 优化大师。他当时忙不过来，于是我就帮他做客服和一些前端的界面事务。再后来他邀请我合伙一起干，收到邀约的时候，我非常激动。为此，我跑到工作强度不是那么大的共享软件注册中心工作。每天下班后有两个小时我会坐在电脑前回复邮件，日均回复量超过 500 封。处理大量的用户来信，不能解决的问题，就转给他。我们合作得很顺利。读这本书的你可能不了解，一个装机量这么大的软件，怎么创始人与合伙人都是兼职？而事实上确实是这样，“抱着金饭碗要饭”就是我们当时的真实状态。在满是盗版软件的世界里，我们靠卖注册码“逆天行事”讨生活，赚来的钱没有薪水高，所以不能全职，只能各打一份工。后来，我们的用户量已经大到我们服务不过来，无奈之下只能将 Windows 优化大师卖给了懂得流量运作的蔡文胜先生，他是中国域名之父，也是非常优秀的投资人和老站长。

优化大师卖掉的那年我 26 岁，感觉自己很有成就，变现后的第一件事就是买了一块手表，然后开始干自己想干的事情。但是两个月以后，我突然发现自己很空虚，之前处理的事情在手里突然没有了。在无聊空虚的同时，有一个问题一直困扰着我：我们有这么多用户流量，为什么赚不到钱呢？

（三）不想再要饭，我想学变现：105 数字商城

2007 年初，我又找到了一次机会，再次走上创业的道路，这次的创业主题十分简单，就是魂牵梦绕的流量变现。我拿到了一笔投资，做了一个电商平台 105.com，也就是 105 数字商城。105 数字商城在软件、游戏、杀毒、娱乐、支付渠道上下了大量功夫，团队从商城上线到第一单下单成功并没有耗费太多精力。

105 数字商城做了两年，这期间我又为一个新问题而头疼：流量不够。之前做 Windows 优化大师，我们有流量，没变现能力，现在变现能力好像锻炼出来了，但是流量又缺了。105 数字商城从上线到第一个单子再到后来的持平、盈利，经历了一年多，后来遭遇 2008 年经济危机，我们没有获得下一轮融资。电商公司毛利率低于 15%，好在我们那个时候人不多，还有些利润，但是未来在哪里，我很迷茫。

（四）摔成八瓣的金饭碗：超级兔子

一个关节缺少，没有整个闭环，就不能创造出一个新的机会，不能真正做成一个事情。既然想明白了，就找一个合适的产品，从用户与流量端入手开始干。我从长沙把一个兄弟的团队弄到了北京，这个团队就是超级兔子团队。我们把产品从单一的兔子软件变成八大天使组合版，成功升级了产品线，做到

了日活700多万的用户量；然后做了一个导航站，导航站可以赚钱，这是我们第一次有效打通流量与变现的环节，公司也因此赚到了第一桶金。患难可共，富贵难同，随着用户和收入的双增加，三位合伙人在发展方向和具体执行上的分歧越来越大，和之前创业自己说了算不一样了，后来我们因为一场未谈拢的并购，几个人彻底分家了。

直至今日，这个事情对于我来说都是一个很大的遗憾，做了这么大的用户量，最后没有赢家。这次经历对于我来说是很宝贵的，但是“独行快，众行远”，还是不能因噎废食。

我们到底该怎么合伙呢？针对这段经历，我不由想要再强调一次：

（1）选择和自己价值观接近的人，合伙要慎重，特别是要甄别出来那些骨子里爱玩零和博弈的人，远离他们。

（2）发挥自身的能力很重要，发挥合伙人之间能力和性格的互补优势更重要，要相信彼此，要对合伙这件事拿出更多的耐心和信任。

（3）要努力确定共同的目标，在走向目标的过程中持续构建更多的共同利益，不要道听途说，要看所作所为。

（4）要多沟通，占据大量时间的沟通，甚比家人。

（5）不要小聪明，不打小算盘。

合伙关系深入以后，仍然要拥有清醒头脑，要有边界感，保持互相尊重。

（五）从 PC 互联网时代到移动互联网时代：安兔兔系列软件

在与超级兔子的合伙人分家以后，我和另外一位合伙人蔡璇带着团队选定了新的方向，围绕安卓做安兔兔系列软件。这一路走来，就到了 2012 年。

PC 互联网时代逐渐进入移动互联网时代，大家开始用安卓和 IOS 手机软件了。我们做了很多软件产品带动流量，用户量也随之大起来。为此，安兔兔跑分软件就开始水到渠成地成了小米等手机的必用测试软件。另外，因为跑分测评涉及芯片，每年全球的芯片公司也会和我们交流。更令我们兴奋的是，来自全球用户和发烧友对我们的产品也很喜欢，公司虽然不到 30 个人，但大家每天都努力向前冲。不过，毕竟公司规模不大，我们在北京朝阳媒体村的公寓里，为了节省成本，租的办公室在 32 层，很多时候芯片公司来的客户被我们带到一个电梯经常坏的高层楼里。这个时候，金山的傅盛出现了。

我和傅盛是多年的朋友了，他之前做 360 的时候我做超级兔子，我们是竞品。后来傅盛离开 360，来到金山网络（金山网络后改名为猎豹移动）成为主事人。这个时候，傅盛来找我谈，非常有诚意，我们也意识到突围出去自己独立上市可能性很小。

从负责任的角度出发，还是应该理智地接受被吸收合并的发展方向。不久之后，我们并入了猎豹。加入猎豹之后，除负责安兔兔整个项目，我还负责了金山的联盟业务。这一段时间，我有很多跟之前创业时不一样的收获，因为金山是一个体系上比较成熟的公司，怎么去组织，怎么去协作，怎么去调取资源，这些你都需要会。此外，从公司的发展、分拆，到后来纽交所上市，这个过程使得我对做一家公司和创业有了全新的认识。可以说，加入猎豹后的成长与收获很大。

（六）创业的心永不停止：从“小小包麻麻”到百宝控股

猎豹移动上市之后，我还是希望能够找回创业时的那种自由度与推进的感觉。我胸膛里的那颗创业的心，总是在督促我要尽快回到自己的轨道上来。不过，我当时的第一想法却是对安兔兔项目进行分拆，管理层持股，好好经营，寻求独立发展。毕竟，这是我熟悉并且多年经营的领域，但和猎豹的谈判进展不太顺利。这期间我也在考虑，如不能进行分拆，下一步我们到底应该去做些什么？是寻找一些平台型的方向，开发 App 吗？我看到的情况是 App 的推广成本越来越高，而微信的用户量正在大幅增长。是不是这里蕴含着更好的机会呢？恰好我的一位十几年的老朋友和我在猎豹的一位离职同事正在尝试一个微信领域的创业项目。不破不立，我索性结束了与猎豹马拉松式的谈判，和他们一起创业。

互联网创业，要技术，懂流量，会变现，找到合适的合伙人，这些条件貌似就都具备了。

这个项目就是现在百宝控股的前身“小小包麻麻”，目前我们在为数千万中国父母提供服务，年销售额约 10 亿。再次回到创业的路上我感觉特别好，未来是什么样子谁也不知道。但我想说的依然是，青山不改，绿水长流，后续就让我们一起前行，一起见证吧。

英子的独白

你要做一个坚定而温暖的创业者

在这些年的创业历程中，每次成功的时候，我都会想起一个人。当我把一个如拳头大小的李子送到口中咬了一口的时候，我突然想哭，我想念我爷爷了。其实爷爷走了五年了，我没有参加葬礼，也没有给爷爷买过什么礼物，这是我一辈子的遗憾。

我的爷爷是河北人，他长得很高很帅，年轻的时候因为挨饿跑去了东北，给地主扛过活，后来在中华人民共和国成立后，在中学教体育，学生们都管他叫老邵头，所以，我也就是老邵头的孙女。

印象中，爷爷“得罪”过我三次，第一次是我在中学校园花坛里面折花，被爷爷给批评了；第二次是因为学校盖楼，我和爷爷跑到了废旧的水泥搅拌机里面去刮水泥，爷爷让我去河边弄点水回来，我不小心掉到河里去了，我哭着跑回了姥姥家。后来爷爷给我送来一盒子李子，大个的都洗净了，那时候就再也没有忘记过李子的味道，今天居然吃到了，更想念爷爷。爷爷得罪我的第三次就是我想要一盒水彩笔，他非得给我买一双皮鞋，我就和他疏远了。这些事情都是发生在我小学二年级前，但是我久久不能忘记。

如今，我真的可以自力更生了，爷爷却走了，我还记得那天和同事在路上开车，我和同事说我要给我爷爷买肉，各种各样的肉，让他随便吃。其实那时候爷爷就离开我了，爸妈是在爷爷过世一星期后才告诉我。因为是爷爷临终前的遗愿，不让孙子孙女参加他的葬礼，想安静地走。我爷爷去世的时候，没有通知任何一个孙子孙女，这也是我们这些晚辈们心中永远的遗憾，但是遗憾里没有痛，有的却是满满的温暖。为什么呢？因为爷爷在人生中的最后一刻，还在用行动告诉我们，不要劳烦别人。在我的记忆中，爷爷一直都是一位不喜欢麻烦别人的人，很多事情他都是自己完成的，除非是自己搞不定才会寻求别人的帮助，而这样为人处事的习惯，我的父亲和叔叔们也都继承了。现如今它也深深地影响着我，不论是在职场上，还是在创业过程中，我是能不麻烦别人就不麻烦别人，很多时候我是冲在前线的人，是同事们眼中能抗事儿的人，是他们的主心骨，也是他们心中那个值得信赖又暖心的大姐姐。

所以，如果你要问我创业的时候应该做什么？我的答案一定是让自己成为一个温暖的人。

但是，自古创业凶险多，仅仅依靠温暖就够了吗？远远不够，你还必须做一个坚定的人。实际上，走上创业这条路的人有几个不够坚定呢？绝大多数人都特别坚定。可问题是又有多少人在创业成功的时候，还能继续保持坚定的态度呢？

我们总是说创业容易守业难，可是你想过没有，当你开始有了守业的心态时，你又能守住什么呢？所以在我看来，一个坚定的创业者必须是一位始终拥有创业心态的人。从古至今，江山都是创业之君打下来的，也都是守业之君丢掉的。

常常听到一个观点“创业难，守业更难”，这是完全错误的。正是这种错误观念，让李闯王打进了北京便放下了枪，让商务通盛到极处后便衰到极处，让成千上万的学子考入大学后便开始最不“大学”（相对于考前的大学特学），他们本以为可以松一口气了，于是罢橹停桨，结果一退千里。

做企业，永远需要动，永远需要激情，永远需要创造、创造、再创造，一句话：永远需要处在“创业态”。这世界只有“创业态”，没有“守业态”。创业是唯一的“长生不老”药，当你不再创业而想“守业”的时候，前面的路只剩下一条：萎缩，衰落，死亡。要么自我革命，要么被人革命，没有第三条道路。

仅此，献给我的同事、我的朋友和我自己。这段话，也是我很多年前写的一篇日记。现在看起来多少有些年轻人的激情飞扬，但要表达的思想却一点儿没有变化。一个坚定的创业者必须明白你的公司、你的成功、你的荣耀要想“长生不老”，唯一的方法就是坚定不移地去开创，你只有这一条路，没有其他选择。

做一个温暖的创业者，能够让我们忍受住创业中的各种艰难险阻，把泪水和汗水化作动力之源继续前行；做一个坚定的创业者，能够让我们始终保持饥饿感，保持进取心，保持创业的初心，最终走得更稳更远。

你说是不是这样呢？愿你此生在创业这条路上能一路温暖，一路坚定。

2021 年 2 月写于北京

后记

这本书从开始酝酿到写完最后一节，花费了我整整两年的时间。我不会成为一个作家，连编辑都做不了，甚至很多时候有语言障碍，内心的真实感受很难用笔和嘴表达得十分清晰。但是我想总结一些经验和思路，希望能够让读者有一些借鉴。

从 2019 年夏秋之际一直写到 2021 年年中，期间断断续续、删删减减，除了担心写出的书不能对得起自己和看这本书的人，也可能是我好多年没有动笔了，进度才会如此的慢。

还记得我小学四年级的时候，写了一篇题目为《苣苣草的叶子》的作文，并且获了奖，当时还一度做起了作家梦。没想到后来，我竟然成了一名不折不扣的“理工女”，大学时学的专业是计算机技术与科学，毕业后从事的也是互联网行业。这些年，写出一本自己的作品是我一直以来藏在心底的愿景和秘密，藏在心底很少对外人说起。

记得第一次跟做出版的朋友说起这件事情的时候，心里还是有点儿忐忑的。没想到他直接说：“你为什么不早点儿写呢？你的历程就是一部精彩的底层逆袭电影啊，你的职场方法论、创业方法论、人生方法论，对很多普通人来说，不是具有很大的参考价值和鼓励意义吗？”没想到这样的一句鼓励，竟然让我坚持到了今天，让我在每个繁忙的日子里能抽出一点儿安静的时间，慢慢写完了这部作品。这本书里有很多不完善的地方，也有很多值得商榷的地方，但我唯一敢保证的是我的认真和用心，以及毫无保留的坦诚。

也许，未来我还会再写第二本书，会给我和看到最后的你们一个更大的惊喜。人生不就是这样吗？因为平淡的日子中涌现出的一个接一个的惊喜，才变得无限精彩。